辽河油田公司培训系列丛书

油气田集输工生产设备
操作技能培训教程
（下册）

辽河油田公司党委组织部/人力资源部　编

石油工业出版社

内 容 提 要

本教材是辽河油田公司统一组织编写的员工培训教材。全书共分为六章，以油气集输的各种设备设施为切入点，详细介绍了电气设备、天然气处理设备、生产参数监测设备、常用工具用具、消防设施、安全应急等内容。本书紧密联系实际，具有很强的实用性和可操作性。

本教材可供从事油气集输相关工作的操作人员学习阅读。

图书在版编目（CIP）数据

油气田集输工生产设备操作技能培训教程. 下册 / 辽河油田公司党委组织部 / 人力资源部编. —北京：石油工业出版社，2024.11

（辽河油田公司培训系列丛书）

ISBN 978-7-5183-7154-9

Ⅰ. TE86

中国国家版本馆 CIP 数据核字第 2024RQ9408 号

出版发行：石油工业出版社
  （北京朝阳区安华里 2 区 1 号楼　100011）
  网　　址：www.petropub.com
  编辑部：（010）64256770
  图书营销中心：（010）64523633
经　　销：全国新华书店
印　　刷：北京中石油彩色印刷有限责任公司

2024 年 11 月第 1 版　2024 年 11 月第 1 次印刷
710×1000 毫米　开本：1/16　印张：15
字数：300 千字

定价：52.00 元
（如出现印装质量问题，我社图书营销中心负责调换）
版权所有，翻印必究

《油气田集输工生产设备操作技能培训教程（下册）》编委会

主　　任：杨立龙

副 主 任：滕立勇

委　　员：任延哲　王耀贵　刘　璋　马汝彦　潘瑞生
　　　　　郭洪彬　普富亮　朱健辉　王　亮　雷广发

《油气田集输工生产设备操作技能培训教程（下册）》编审人员

主　　编：郝振洲

副 主 编：孙　洁　李峻峰

编写人员：（按姓氏笔画排序）

王东群　王莹莹　吕家旭　朱　海　池立峰
杨立华　杨振东　张孝宁　张明凡　金勇才
单忠利　赵奇峰　柳转阳　饶德林　贾　林
高文斌　高亚军　梁大鹏　靳光新　魏公全

审核人员：（按姓氏笔画排序）

王　男　王　亮　王鹏月　孔祥宇　朱孔飞
朱健辉　李国成　杨　轩　杨松林　吴　涛
狄　强　张晓丽　张铠玥　苗　壮　赵梓良
徐欣然　郭　静　陶晓明　曹　岩　盛　浩
董　旭　董长东　温志贺　温君兰　滕　勇

前 言

油气集输是把分散的油井所生产的石油和天然气集中起来，经过必要的处理、初加工，将合格的石油和天然气分别外输到炼油厂和天然气用户的工艺过程。油气集输主要包括油气分离、油气计量、原油脱水、天然气净化、原油稳定、轻烃回收等工艺。培养一支懂得管理、技术精良、作风过硬、勇于创新的高素质、高技能的油气集输队伍，是非常必要的。

油气集输行业有着自身行业特点和繁多的工艺设备设施也决定了对集输一线队伍培训有其行业的特殊要求。本教材本着精准培训的原则，将集输生产设备培训进行了有针对性的调整，与时俱进，既注重理论联系实际，又在理论更新的同时兼具实践指导性；既有培训教师的传经授道，又有让学员兴趣使然的培训理念。

本教材共分为六章，以集输的各种生产设备设施为切入点，主要介绍了电气设备、天然气处理设备、生产参数监测设备、常用工具用具、消防设施、安全应急等内容。内容紧密联系实际，具有很强的实用性和可操作性。

本教材在编写过程中，得到了辽河油田公司各级领导的高度重视和大力支持，教材编审组成员认真负责，各尽所能，对教材的编写付出了辛勤的汗水，在做好各自本职工作的同时，充分利用业余时间，加班加点，克服了参考资料少、完成时间紧、编写任务重、质量要求高等困难，圆满地完成了教材的编写任务。其中第一章电气设备由朱海编写，第二章天然气处理设备由郝振洲编写，第三章生产参数监测设备由李峻峰编写，第四章常用工具用具由高亚军编写，第五章消防设施由王莹莹编写，第六章安全应急由高文斌编写。

在教材出版之际，对在教材编写的过程中给予大力支持的石油工业出版社领导、辽河油田公司党委组织部/人力资源部领导、辽河油田公司金海采油厂领导，以及各兄弟单位技能专家表示感谢！

由于编写人员能力有限，书中难免存在缺点和不足之处，请批评指正。

编者
2024 年 10 月

目 录

第一章　电气设备 1

第一节　变频器 3

第二节　交流电动机 14

第三节　三相异步电动机 19

第二章　天然气处理设备 35

第一节　天然气分离器 37

第二节　天然气压缩机 49

第三章　生产参数监测设备 61

第一节　生产参数录取 63

第二节　污水指标测定 78

第三节　药剂检验 95

第四章　常用工具用具 111

第一节　常用手工工具 113

第二节　钳工工具 128

第三节　管工工具 148

第四节　电工工具 154

第五节　测量工具 158

第五章　消防设施 177

第一节　灭火器 179

第二节　固定式消防设施 190

第六章　安全应急 195

第一节　应急预案编制与演练 197

第二节　触电应急处置与用电安全 205

第三节　中毒应急处置与预防 212

第四节　中暑应急处置与预防 218

第五节　火灾爆炸应急处置与预防 222

参考文献 230

第一章
电气设备

随着油田企业的发展,为减少员工的劳动强度,提升工效,越来越多的电气设备应用于生产劳动。在油气集输过程中应用大量的电气设备,为油田生产提供了动力保障,同时也对电气设备管理使用提出更多的要求。因此,掌握电气设备的性能及使用方法是集输岗位操作人员必备的技能。

第一节　变频器

变频器广泛应用于控制交流电动机的速度，其最主要的特点是具有高效率的驱动性能以及良好的控制特性。应用变频技术可以有效提高自动控制性能、工作质量和经济效益。

一、变频器的概念及分类

（一）概念

变频器（Variable-frequency Drive，VFD）是应用变频技术与微电子技术，通过改变电源的频率来控制交流电动机的转速与转矩的控制设备。变频器是通常利用半导体器件的通断作用将工频电源转换为另一种频率的电能控制装置，也可以把电压频率不变的交流电变换成为电压或频率可变的交流电。在集输生产中电动机应用变频器较为普遍。

（二）分类

1. 按照主电路工作方式

1）电压型变频器

电压型变频器的储能元件为电容器，被控量为电压，相当于提供的是电压源。它动态响应较慢，制动时需在电源侧设置反并联逆变器才能实现能量回馈，可适应多电动机拖动。电压型变频器优点是运行几乎不受负载的功率因素或换流的影响；缺点是当负载出现短路或在变频器运行状态下投入负载，都易出现过电流，必须在极短的时间内施加保护措施。

2）电流型变频器

电流型变频器的储能元件为电抗器，其直流内阻较大相当于提供的是电流源。它动态响应快，可直接实现回馈制动。感应电动机电流型变频调速系统可以频繁、快速地实现四象限运行，更适宜一台逆变器对一台电动机供电的单机运行方式。电流型变频器优点是具有四象限运行能力，能很方便地实现电动机的制动功能；缺点是需要对逆变桥进行强迫换流，装置结构复杂，调整较为困难。

2. 按照开关方式

1）PAM（脉冲幅值调制）控制变频器

PAM 是一种在整流电路部分对输出电压或电流的幅值进行控制，而在逆变电路部分对输出频率进行控制的控制方式。在使用 PAM 控制方式的变频器进行调速驱动时，具有电动机运转噪声小、效率高等特点，但控制电路比较复杂，电动机低速运转时波动较大。

2）PWM（脉冲宽度调制）控制变频器

PWM 控制变频器是靠改变脉冲宽度来控制输出电压，通过改变周期来控制其输出频率。PWM 变频电路可以得到相当接近正弦波的输出电压，电路结构简单，通过对输出脉冲宽度的控制可改变输出电压，加快了变频过程的动态响应。

3）高载频 PWM 控制变频器

高载频 PWM 控制方式的原理实际上是对 PWM 控制方式的改进，是为了降低电动机运转噪声而采用的一种控制方式。在这种控制方式中，载频提高到人耳可以听到的频率（10～20kHz）以上，从而达到降低电动机噪声的目的。

3. 按照控制方式

1）V/F 控制变频器

V/F 控制变频器就是保证输出电压跟频率成正比的控制装置。它可以使电动机的磁通保持一定，避免弱磁和磁饱现象的产生，多用于风机、泵类节能，用压控振荡器实现。

2）转差频率控制变频器

转差频率控制方式是对 V/F 控制的一种改进。在采用这种控制方式的变频器中，电动机的实际速度由安装在电动机上的速度传感器和变频器控制电路控制；而变频器的输出频率则由电动机的实际转速对应的电源频率与所需转差频率共同调节，从而达到在进行调速控制的同时控制电动机输出转矩的目的。

3）矢量控制变频器

依据直流电动机调速控制的特点，将异步电动机定子绕组电流按矢量变换的方法分解并形成类似于直流电动机的磁场电流分量和转矩电流分量，只要控制定子绕组电流的大小和相位，就可以控制励磁电流和转矩电流，这样控制交流异步电动机的转速就像控制直流电动机的转速一样，得到良好的调速控制效果。

4. 按照用途

1）通用变频器

通用变频器的特点就是其通用性。通用变频器可以对普通的异步电动机进行调速控制。随着变频器技术的发展和市场的需要，出现了低成本简易型通用变频器和高性能多功能通用变频器。简易型通用变频器是一种以节能为主要目的而削减了一些系统功能的通用变频器。高性能通用变频器充分考虑了变频器应用中可能出现的各种需要，并为满足这些需要在系统软件和硬件方面都做了相应的准备。

2）高性能专用变频器

高性能专用变频器基本上采用了矢量控制方式，而驱动对象通常是变频器厂家指定的专用电动机，并且主要应用于对电动机的控制性能要求较高的系统。此外，高性能专用变频器往往是为了满足某些特定产业或区域的需要，使变频器在该区域中具有最好的性价比而设计生产的。

3）高频变频器

在超精密加工和高性能机械区域中常常要用到高速电动机。高频变频器是为了满足这些高速电动机驱动的需要，采用 PAM 控制方式的变频器。这类变频器的输出频率可以达到 3kHz，所以在驱动两极异步电动机时电动机的最高转速可以达到 180000r/min。

4）单相变频器和三相变频器

交流电动机可以分为单相交流电动机和三相交流电动机两种类型，与此相对应，变频器也可以分为单相变频器和三相变频器。二者工作原理相同，但电路的结构不同。

5. 按照变频调速原理

变频器按照变频调速原理可分为交—交型变频器和交—直—交型变频器。

二、变频器的工作原理及结构

（一）工作原理

1. 交—交型变频器

交—交型变频器将三相工频电源经过几对电子开关切换，直接产生所需要的变压变频的电源。此变频器结构简单、造价低、体积小，与目前常用的变频器比较具有较大的经济优势，但其控制算法相对复杂一些，所以未被普遍使用。随着计算机技术的发展，交—交型变频器的应用前景是乐观的。交—交型变频器的工作原理如图1-1所示。

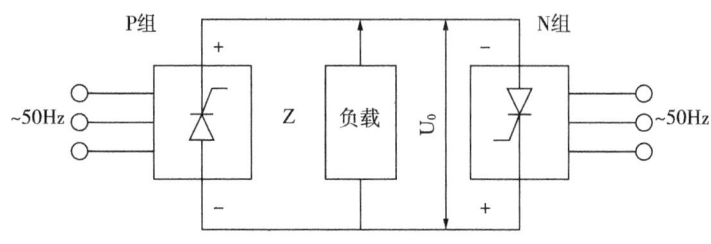

图1-1 交—交变频器工作原理

2. 交—直—交型变频器

交—直—交型变频器所用的变频技术是目前变频技术的主流，该变频器在集输系统中应用比较广泛，其工作原理如图1-2所示。

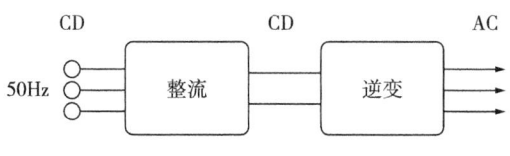

图1-2 交—直—交变频器工作原理

从图1-2中可以看出，交—直—交型变频器实际上是整流电路和逆变电路的组合。整流电路将工频电源通过整流器变成恒定的直流电压，然后通过大功率晶体管组成的逆变器，逆变成可变电压、可变频率的交流电源。由于采用微处理机编程的正弦波PWM控制，电流输出波形近似正弦波，故可用于交流电动机的无级调速。变频调速技术是最有发展前途的一种交流调速方式。

（二）结构

目前，使用最为普遍的变频器是交—直—交型变频器。这种变频器基本上可以分为整流器、中间电路、逆变器和控制电路4个主要部分，如图1-3所示。

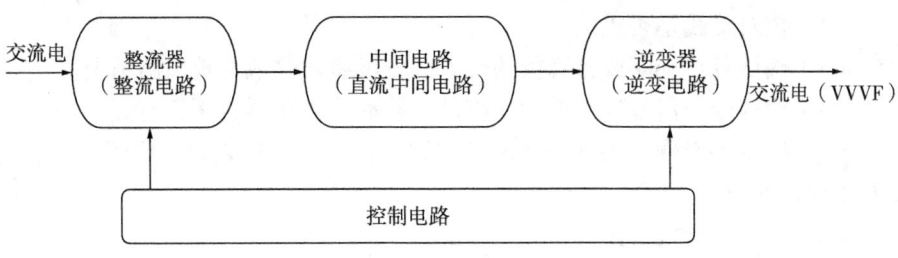

图1-3 变频器基本结构

1. 整流器

整流器与单相或三相交流电源连接，产生脉冲的直流电压。整流器分为可控和不可控两种基本类型。

2. 中间电路

中间电路有以下3种作用：

（1）使脉动的直流电压变得稳定或平滑，供逆变器使用。

（2）通过开关电源为各控制线路供电。

（3）可以配置滤波或制动装置，以提高变频器性能。

3. 逆变器

逆变器将固定的直流电压变换成电压和频率可变的交流电压。

4. 控制电路

控制电路将信号传给整流器、中间电路和逆变器，同时它也接收来自这些部分的信号。其主要组成部分为：输出驱动电路、操作控制电路；主要功能如下：

（1）利用信号来开关逆变器的半导体器件。

（2）提供操作变频器的各种控制信号。

（3）监视变频器的工作状态，提供保护功能。

三、变频器的操作

（一）变频器运行前的检查

在设备投入运行前，必须进行必要的检查和准备工作，以防止因意外而产生故障。需要做的检查如下：

（1）核对接线是否正确。
（2）确认各端子间或各暴露的带电部分没有短路或对地短路情况。
（3）检查变频器各连接板的连接件、接插式连接器、螺钉有无松动。
（4）确认各操作开关均处于断开位置，保证电源投入时变频器不会启动或发生异常动作。
（5）确认电动机未接入。

（二）变频器的试运行

变频器试运行的步骤基本是从空载到负载逐步进行的，具体的操作步骤如下。

1. 静态检查

确认电动机未接入，确认运行前检查无异常，投入变频器电源。确保变频器操作面板显示正常，变频器内装的冷却风扇正常运行，变频器及外部电路无异常气味或声响，各外部仪表显示正常。

2. 空载运行

将变频器设置为面板操作模式，由面板操作变频器启动/停止及加速/减速，确认变频器显示及外部仪表显示正常。

3. 带电动机空载运行

将电动机接入，确认电动机已与机械负载脱开。正确设置影响运行的各保护参数，由操作面板将变频器频率设定为 0Hz。启动变频器，将变频器缓慢加速至电动机缓慢旋转，检查电动机转向。确认转向正确后将变频器在全部频率范围内加速/减速，检查变频器及电动机有无异常声响或气味，检查各指示表是否指示正确。更改操作参数，按设定功能由设计操作台操作，检查各开关是否正常。

4. 带负载运行

将机械负载接入，按要求重新检查各闭合参数及加速/减速时间，启动设备。检查电动机及机械负载运行是否平稳，加速/减速过程及运转电流是否在设定范围内，加速/减速过程是否平稳，有无机械振动或异常声响等。

（三）变频器的运行

在变频器正式使用之前，要对变频器及其控制系统进行试运行，通过试运行可以发现系统存在的问题，从而进行合理解决。

1. 变频器给定方式

1）面板（本地）给定

通过面板上的键盘或电位器进行频率给定（即调节频率）的方式，称为面板给定方式，主要有以下情况：

（1）键盘给定：键盘给定频率的大小通过键盘上的升键和降键来进行给定。

（2）面板遥控给定：面板取下，通过延长线安装在用户方便操作的地方。

（3）电位器给定：部分变频器在面板上提供了电位器，频率大小可以通过电位器来调节。电位器给定属于模拟量给定，精度稍低。

2）外部（远程）给定

从输入端子给定频率信号调节变频器输出频率，称为外部（远控）给定。主要方式有：

（1）外接模拟量给定：从变频器外部通过外接端子输入模拟量信号（电压或电流）进行给定，调节给定信号的大小可以调节变频器的输出频率。

（2）外接数字量给定：通过开关量端子输入开关信号进行频率给定。

（3）外接脉冲给定：通过外接端子输入脉冲序列进行频率给定。

（4）通信给定：由PLC或计算机通过通信接口进行频率给定。

2. 变频器的调试

1）送电前的硬件检查

（1）按装箱单检查附件是否齐全。

（2）检查变频器外观是否有物理损伤。

（3）观察风道通风是否畅通。

（4）检查进电缆、出电缆接线是否正确（电压等级220V或380V）。

（5）有直流电抗器引出端子的要认真检查是否正确连接。

（6）电动机接线是否正确。

（7）接地线是否可靠，测量接地电阻。

（8）变频器内是否有异物、游离的导电介质或杂物。

2）变频器通电后观察

（1）变频器通电后，显示屏将开始显示。显示内容及变化情形因不同品牌变频器而有差异，对照说明书，观察通电后的显示是否正确。

（2）检查变频器内部风机是否正常并向外鼓风，听风机声音是否正常，在通风口试探其排风量。

（3）测量电压主要是三相进线电压和直流母线电压（530V DC）的测量。

（4）熟悉键盘及显示屏内容的切换，如启动、升速、降速、停止、点动等。

3）重点参数的功能预置

每台变频器使用前都必须根据生产机械的具体要求，调整变频器内的各种功能设定，否则往往不能使变频调速系统在最佳状态下运行。

（1）最低运行频率：电动机运行的最小转速所对应的变频器的频率。电动机在低转速下运行时，其散热性能很差，应避免电动机长时间运行在低速环境。

（2）最高运行频率：一般变频器最大频率为60Hz，有的甚至可达400Hz，高频率将使电动机高速运转，这对普通电动机来说，其轴承不能长时间超额定转速运行。

（3）载波频率：载波频率设置的越高，其高次谐波分量越大，这和电缆的长度、电动机发热、电缆发热、变频器发热等因素密切相关。

（4）电动机参数：包括电动机的功率、电流、电压、转速、最大频率和极对数，这些参数可以从电动机铭牌中直接获得。

（5）跳频：在某个频率点上，有可能会发生共振现象，特别是在变频器频率较高时。在控制压缩机时，要避免压缩机的喘振点。

4）设定变频器启停方式

（1）设定本地控制，进行空载试运行，将变频器的输出端与电动机相连，电动机脱开负载。按面板启动键，给定转速信号由低到高，再由高到低，观察最大值、最小值是否正确，速度线性是否正确，电流变化是否平稳，升降速时间是否适当。

（2）设定端子控制（远控），并给定频率信号。修改后验证启停是否有效，给定频率是否稳定，精度是否准确，输出量是否准确、稳定，显示是否正确。

（3）电动机与变频器相连，做进一步带载试验。检查电动机转向是否正确，提速、降速时电流变化是否相对平稳，设备的动态响应是否达到要求，变频器的运行电流是否在要求范围之内，变频器容量是否合适。

3. 停机实验

在停机实验过程中，应把显示内容切换至直流电压显示，观察以下内容：

（1）观察降速过程中直流电压是否过高，如因电压过高而跳闸，应适当延长降速时间，如降速时间不宜过长，则应考虑接入制动电阻和制动单元。

（2）观察当频率降至0Hz时，机械是否有蠕动现象，并了解该机械是否允许蠕动，如需要制止蠕动时，应考虑预置直流制动功能。

（四）变频器日常检查

日常检查是不需要停电和取下外盖。检查方式为外部目检。检查结果应确保运行性能和周围环境符合标准规范。面板键盘显示正常，没有异常的噪声和气味，没有过热或变色等异常情况。

（五）变频器定期检查

定期检查内容应根据变频器工作环境和使用条件而定，定期检查是专项的工作，必须由专业人员进行。定期检查时需要停止运行、切断电源、去除变频器外盖。在打开变频器外盖时，必须确认变频器的电源指示灯已经关闭，或者经测量变频器直流母线电压已低于25V DC。

四、变频器常见故障

变频器由大功率器件及板卡组成。在日常使用中，电子器件易受使用时间、环境温度、湿度、负载情况的影响，出现不同的故障。

（一）过流故障

变频器运行时，过流保护的对象主要指带有突变性质的、电流的峰值超过了变频器的允许值的情形。由于逆变器件的过载能力较差，所以变频器的过流保护是至关重要的一环。过流是变频器报警最为频繁的现象。

（二）过压故障

直流母线产生过电压。主要原因有：减速时间太短，制动电阻及制动单元出现故障导致再生负载而出现过压，电源电压过高，制动力矩不足，中间回路直流电压过高，电动机突然甩负载，负载惯性大，载波频率设定不合适等。

（三）欠压故障

欠压是变频器使用中经常碰到的故障，主要是由供电电源电压太低、缺相、瞬时停电引起的。首先，查看输入端电压是否偏低、缺相，变频器内部整流桥某一路损坏或可控硅三路中有工作不正常的都可能导致欠压故障；其次，主回路接触器损坏导致直流母线电压损耗在充电电阻上面，也有可能导致欠压；最后，检查电压检测电路是否发生故障。

（四）过热故障

过热也是变频器常见故障之一。主要原因是周围环境或变频器内部温度过高，常常由于风机转速低、通风道堵塞、温度传感器性能不良、电动机过热等引起。若变频器报警高温故障，应检查变频器通风和轴流风扇运转情况是否良好。有些变频器有电动机温度检测装置，能检查电动机的散热情况和测温电路器件是否正常。

（五）输出不平衡故障

输出不平衡一般表现为电动机抖动、转速不稳，主要原因是模块、驱动电路或电抗器损坏等。

（六）过载故障

发生过载故障时，首先分析是电动机过载还是变频器自身过载。一般来讲，电动机由于过载能力较强，只要变频器参数表中的电动机参数设置得当，不会出现电动机过载。变频器本身由于过载能力较差很容易出现过载报警，可以通过检测变频器输出电压和电流进行判断。

（七）"SC"短路故障

IGBT模块或驱动电路损坏是引起"SC"故障报警的主要原因。目前，很多变频器驱动电路中，上半桥使用驱动光耦PC923（专用于驱动IGBT模块），带有放大电路；下半桥驱动电路采用光耦PC929（内部带有放大电路及检测电路）。PC929本身或外围故障导致驱动板损坏就会显示"SC"短路故障。

（八）开关电源损坏故障

开关电源损坏通常是由于开关电源的负载发生短路造成的。当发生无显示、控制端子无电压、12V DC或24V DC风扇不运转等现象时，首先应该考虑是否开关电源损坏了。

（九）接地故障

接地故障在排除电动机接地原因外，最易发生故障的原因是由于霍尔传感器受温度、湿度等环境因素影响，工作点发生飘移。

（十）限流运行故障

对于变频器来说，在限流报警出现时不能正常平滑的工作，电压（频率）要降下来，直到电流下降到允许的范围，一旦电流低于允许值，电压（频率）会再次上升，易导致系统不稳定。

（十一）"FU"快熔故障

现在变频器大多装有快熔故障检测功能，主要是对快熔前面后面的电压进行采样检测，当快熔损坏后必然会出现快熔一端电压丢失，此时隔离光耦动作，出现"FU"报警。

第二节　交流电动机

电动机是一种将电能转换为机械能的动力设备，能带动机械工作，也是集输系统使用最为广泛的动力设备。电动机分为交流电动机和直流电动机两大类。本节主要介绍交流电动机。

一、交流电动机的分类

交流电动机又分交流异步电动机和交流同步电动机。因为交流异步电动机具有结构简单、价格低廉、工作可靠、维护方便等优点，所以被集输系统广泛采用。

异步电动机按其结构不同分为：鼠笼式异步电动机和绕组式异步电动机，各集输站库主要用鼠笼式异步电动机。鼠笼式异步电动机的优点：构造简单、价格便宜、坚固耐用、效率高、启动方便、维修容易。鼠笼式异步电动机的缺点：启动电流大，约为额定电流5～7倍；启动转矩小，容易受电源电压波动影响；负荷不足时，功率因数低，调速性能差。

根据相数不同，交流电动机又可分为：单相交流电动机和三相交流电动机。在油气集输系统中，容量很小的电动机使用单相交流电动机，大部分都用三相交流电动机。

二、交流电动机的工作原理

交流电动机的工作原理是：通电后转子绕组在旋转磁场里转动。为了让定子能够产生旋转磁场，通常需要三个针对其中心轴旋转120°的线圈。这三个线圈被安装在三相交流电动机的定子上。通过这三个线圈，提供相位差为120°的交流电压，由于交流电的特性，定子绕组就会产生一个旋转的电磁场。交流电动机工作原理如图1-4所示。

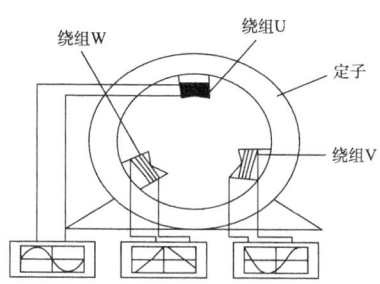

图1-4　交流电动机工作原理图

三、单相异步电动机

单相异步电动机只需要单相交流电源供电，具有结构简单、成本低廉、运行可靠、容易控制、维修方便等优点；缺点是效率、功率因素、过载能力等各项性能指标都比同容量的三相异步电动机差。因此，单相异步电动机容量较小，一般从几瓦到几百瓦之间，在家用电器、电动工具、医疗器械中得到广泛应用。与同容量的三相异步电动机比较，单相异步电动机的体积较大，运行性能较差，因此，一般只做成小容量的。单相异步电动机的主要特点是启动转矩为零，没有固定转向，故无法自行启动。

（一）单相异步电动机的分类及结构

1. 分类

单相异步电动机种类很多，按照启动方式可以分成以下5类：

（1）单相电阻启动异步电动机，代号：JZ、BO、BO_2。

（2）单相电容启动异步电动机，代号：JY、CO、CO_2。

（3）单相电容运转异步电动机，代号：JX、DO、DO_2。

（4）单相电容启动和运转异步电动机，代号：JL。

（5）单相罩极异步电动机，有凸极式和隐极式两种。

2. 结构

单相异步电动机一般使用220V交流电源供电。定子部分由定子机壳、定子铁芯、端盖、定子绕组以及风扇罩组成。转子部分由转子铁芯、转子绕组（一般笼形）、转轴、轴承、风扇叶以及离心开关或继电器等组成。除此之外还有电容器（电容启动或电容运转以及双值电容电动机）、电动机铭牌和接线盒等。

（1）定子机壳。定子机壳常用钢板、铸铝、铸铁制成。定子机壳的作用是支撑定子铁芯、端盖以及承受负载反力矩，在形式上做成封闭式、开启式及防护式。目前，机壳材料常用1.2～2mm厚钢板卷成。

（2）定子铁芯。定子铁芯采用0.35～0.5mm厚的硅钢片叠成，目前多采用冷轧硅钢片制作。

（3）定子绕组。一般有两套绕组，一套为主绕组，另一套为辅绕组（也称为启动绕组），它们在空间上相隔90°相位角。

（4）端盖。端盖材质与机座材质相同，要求端盖止口的配合公差要正确，同心度要符合要求；另外，要求端盖具有一定强度，以支撑转子。

（5）转子铁芯。转子铁芯也是采用硅钢片叠压而成。它与定子铁芯不同之处是需要做成斜槽状，目的是为了减少振动和噪声。一般采用闭口槽，但冲片的绝缘要求不高，可以不涂绝缘漆。

（6）转子绕组。转子绕组通常采用铸铝转子，也采用高纯铝。维修时，不可轻易车削转子端环，当把端环截面车小后，转子电阻增加，转差率增大，电动机工作性质将变坏。

（7）转轴。要求转轴不但要有一定强度，还要有一定刚度，否则由于转轴产生过大挠度使气隙不均，甚至产生扫膛故障。一般采用45号碳素钢制成，也有用65号碳素钢或其他特殊钢材的。

（二）单相异步电动机工作原理

单相异步电动机的启动必须有一个旋转的磁场。通过两绕组产生旋转磁场，在空间不同相的绕组中通过时间不同相的电流，其合成磁场为一旋转磁场。单相电动机定子有两个绕组，一个是用于产生主磁场的工作绕组，一个是用来帮助电动机启动的启动绕组，一般工作绕组和启动绕组空间互相90°的两相电流，则气隙中将产生旋转磁场，形成电磁转矩使电动机自行启动。

（三）单相异步电动机的使用检查及运行维护

1. 单相异步电动机的使用检查

（1）电动机的频率是否与电源的频率相等。

（2）检查电源熔断丝的额定电流是否合适，应比电动机工作电流大10%~25%。

（3）检查绝缘情况。

（4）通电前先用手转动电动机，看能否自由转动。

（5）电动机轴承应有适量润滑剂。

（6）电动机底座应安装牢固，接线应正确。

2. 单相异步电动机的运行维护

（1）运行中应检查电动机温度，其外壳温升不应超过40℃。若电动机温升过高，可能是内部有故障，要进行检查。

（2）注意声音。如电动机噪声过大，可能是轴承间隙过大或窜动量太大所致，应进行检查和调整，或更换磨损零件。

（3）保持清洁，要经常清除机壳上的灰尘，轴承要定期加油。

（4）长期停用的电动机，重新使用时应检查其绝缘性能。用500V兆欧表测量，其绝缘电阻值应不低于 0.5MΩ。

（5）定期检查保养，每年应不少于一次。

四、交流电动机的调速方法

（一）变极对数调速方法

改变定子绕组的接线方式来改变笼型电动机定子极对数，以达到调速的目的。

（二）变频调速方法

使用变频器改变电动机定子电源的频率，从而改变其同步转速的调速方法。

（三）串级调速方法

串级调速是指绕线式电动机转子回路中串入可调节的附加电势来改变电动机的转差，达到调速的目的。

（四）绕线式电动机转子串电阻调速方法

绕线式异步电动机转子串入附加电阻，使电动机的转差率加大，在较低的转速下运行。串入电阻越大，电动机的转速越低。此方法设备简单，控制方便，但转差功率以发热的形式消耗在电阻上。属有级调速，机械特性较软。

（五）定子调压调速方法

改变电动机的定子电压，可获得不同转速。由于电动机的转矩与电压平方成正比，因此最大转矩下降很多，其调速范围较小，使一般笼型电动机难以应用。为了扩大调速范围，应采用转子电阻值大的笼型电动机，如专供调压调速用的力矩电动机，或者在绕线式电动机上串联频敏电阻。

五、交流电动机的检查与维护

（一）交流电动机的检查

（1）交流电动机在日常检查中，主要检查润滑系统、外观、温度、噪声、振动以及异常现象，还要检查通风冷却系统、滑动摩擦状况及各部件的紧固情况，认真做好检查记录。

（2）每月或定期检查中，应检查开关、配线、接地装置等是否有松动现象，有无破损部位，如有要提出修理计划和措施，检查粉尘堆积情况，如有要及时清扫；检查引出线和配线是否有损坏和老化问题；测试电动机绕组的绝缘电阻并记录。

（3）每年的检查内容除上述项目之外，还要解体电动机进行抽心检查，清扫油垢，检查绝缘。

（二）交流电动机的维护

（1）清擦电动机，及时清除电动机机座外部的灰尘、油泥。如使用环境灰尘较多，最好每天清扫一次。

（2）检查和清擦电动机接线端子。检查接线盒接线螺栓是否松动、烧伤。

（3）检查各部分固定螺栓，包括地脚螺栓、端盖螺栓、轴承盖螺栓等。将松动的螺母拧紧。

（4）检查皮带轮或联轴器有无破裂、损坏，安装是否牢固，皮带及连接扣是否完好。

（5）及时清擦电动机启动设备外部灰尘、泥垢，擦拭触头，检查各接线部位是否有烧伤痕迹，接地线是否良好。

（6）轴承的检查与维护。轴承在使用一段时间后应该清洗，更换润滑油或润滑脂。清洗和换油的时间，应随电动机的工作情况、工作环境、清洁程度、润滑剂种类而定，一般每工作3~6个月，应该清洗一次，换润滑脂。油温较高时，或者环境条件差、灰尘较多的电动机要经常清洗、换油。

（7）绝缘情况检查。绝缘材料的绝缘能力因干燥程度不同而异，所以检查电动机绕组的干燥是非常重要的。电动机工作环境潮湿、工作间有腐蚀性气体等因素存在，都会破坏电绝缘。最常见的是绕组接地故障，即绝缘损坏，使带电部分与机壳等不应带电的金属部分相碰。发生这种故障，不仅影响电动机正常工作，还会危及人身安全。所以，电动机在使用中，应经常检查绝缘电阻，还要注意查看电动机机壳接地是否可靠。

（8）电动机除了进行定期维护外，运行一年后要大修一次。大修的目的在于对电动机进行一次彻底、全面的检查、维护，增补电动机缺少、磨损的元件，彻底消除电动机内外的灰尘、污物，检查绝缘情况，清洗轴承并检查其磨损情况。发现问题，及时处理。

第三节　三相异步电动机

一、三相异步电动机结构与原理

在集输领域中使用三相异步电动机较多，以下主要介绍三相异步电动机的结构、原理、使用及维护。

（一）三相异步电动机结构

三相异步电动机由定子和转子两个基本部分组成。定子是电动机固定部分，一般由定子铁芯、定子绕组组成；转子是电动机的旋转部分，由转轴、转子铁芯和绕组三部分组成，它的作用是输出机械转矩，如图 1-5 所示。

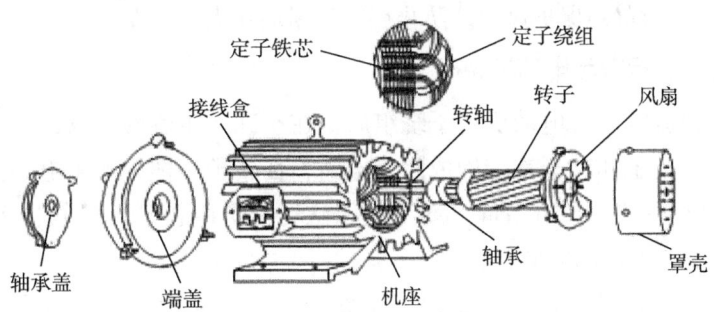

图 1-5　三相异步电动机结构图

1. 定子

定子作用是专门产生一个旋转磁场，推动转子旋转。定子由定子铁芯和定子绕组两部分组成。定子铁芯是电动机磁力线经过的部分，它的作用是导磁。定子绕组即定子线圈，每相线圈由几个单只线圈串联或并联组成。三相线圈在空间上以互成 120° 分布在定子铁芯内圆上，通入三相电流时，会形成旋转磁场。

2. 转子

转子的作用是在旋转磁场作用下，产生一个转动力矩而旋转，并带动设备机械做功。转子在电动机定子内部，由电动机轴通过安装在机壳两侧的轴承支撑。

3. 机座

机座的作用是固定和保护定子铁芯和定子绕组,并支撑和固定电动机轴承部分。

4. 端盖

端盖是用来支撑并遮盖电动机的,用螺栓固定在机座两端。除了端盖外,还包括前后两只轴承和轴承盖。两只轴承用来支撑电动机转轴,减小旋转时的摩擦阻力。轴承端盖可以保护轴承并防止润滑油外流。

5. 附属部分

(1)接线盒:固定电动机定子三相绕组出线头,连接电源线。

(2)风扇:冷却电动机。

(3)风扇罩:保护风扇,防止旋转时风扇伤人。

(二)三相异步电动机原理

三相交流电通入电动机定子绕组后,在空间产生旋转磁场,旋转磁场的磁力线通过定子和转子铁芯构成闭合电路,在转子导体中产生电动势,从而产生感应电流;转子中的感应电流在定子磁场中受到电磁力,形成电磁力矩,使转子按旋转磁场的方向旋转。

由于电动机转子的电流是由定子旋转磁场感应而产生,因此本电动机也称为感应电动机。由于电动机转子的实际转速 n,低于定子旋转磁场的转速 n_1,所以称为异步电动机。把旋转磁场的转速 n_1 与转子转速 n 之差和旋转磁场转速 n_1 之比称为异步电动机的转差率 S,其表达式为 $S=(n_1-n)/n_1 \times 100\%$。

二、三相异步电动机的技术参数

电动机铭牌是使用和维护电动机的依据,必须按照铭牌上给出的额定值和要求去使用和检修。三相异步电动机的型号用汉语拼音字母表示,有关的国产三相异步电动机型号说明见表1-1。

表 1-1　三相异步国产电动机型号表示方法

国产型号	说明
J	三相异步电动机
J0、J02	三相异步封闭式笼型，0 表示封闭，2 表示改型设计
JQ0	三相异步封闭式笼型高启动转矩，Q 表示高启动转矩
JB、JBS	三相异步防爆型，B 表示防爆型，S 表示小型
KB	矿用防爆型电动机
JR	三相异步绕线型，R 表示绕线型转子
JK、JKZ	三相异步高速笼型电动机，K 表示高速笼型，Z 表示座式轴承

　　三相异步电动机的型号由三部分组成，即产品代号、规格代号和特殊环境代号。产品代号包括产品系列代号，异步电动机用 Y 表示；特殊代号，如绕线电动机用 R 表示。

　　小型异步电动机产品规格代号为：中心高（mm）—机座长度（字母代号）—铁芯长度（数字代号）—极数。特殊环境代号见表 1-2。

表 1-2　电动机特殊环境代号

环境条件	代号	环境条件	代号
高原用	G	热带用	T
船（海）用	H	湿热用	TH
户外用	W	干热用	TA
化工防腐用	F		

（一）额定容量

　　额定容量就是电动机在额定条件下机轴所输出的机械功率，也称为额定功率，单位千瓦（kW）。

（二）额定电压

　　额定电压表示电动机定子绕组所承受的线电压值，单位伏特（V），常用的有 220V、380V 两种。

（三）额定频率

　　额定频率就是通入电动机交流电的频率，单位赫兹（Hz）。我国电力系统的频率为 50Hz。

（四）额定电流

电动机在额定电压和额定频率下其负载达到额定容量时的电流，单位安培（A）。

（五）额定转数

额定转数就是电动机在额定容量、额定电压、额定频率下转子每分钟的转数，单位（r/min）。

（六）接法

电动机在额定电压下定子三相绕组的连接方法。常见的接法有"星形(Y)"和"三角形（△）"两种。若铭牌标△，额定电压标 380V，表明电动机电源电压为 380V 时应接三角形。若电压标 380V/220V，接法标 Y/△，表明电动机每相绕组的额定电压为 220V，如果电源线电压为 220V，定子绕组则应接成三角形；如果电源电压为 380V，则应接成星形。

（七）绝缘等级与温升

绝缘等级与温升就是所用绝缘材料耐热性能的等级，分为 A、B、E、F、H 五级。利用电阻法测量各级绝缘电动机的允许温升：

A 级绝缘运行极限温度为 105℃，允许温升为 60℃；

B 级绝缘运行极限温度为 130℃，允许温升为 60℃；

E 级绝缘运行极限温度为 120℃，允许温升为 75℃；

F 级绝缘运行极限温度为 155℃，允许温升为 100℃；

H 级绝缘运行极限温度为 180℃，允许温升为 125℃。

上述温升是指绕组的工作温度与环境温度（一般指室温为 35℃，有些国产电动机规定为 40℃）之差。电动机工作温度的极限值主要取决于绝缘材料的耐热性能，工作温度超过允许值，会使绝缘材料老化，电动机寿命缩短。

（八）功率因数

电动机 A 级绝缘运行极限温度为 105℃，允许温升为 60℃，是电感性负载，其定子相电流比相电压滞后一个 φ 角，$COS\varphi$ 就是电动机的功率因数，电动机的输入功率 P_1 与 $COS\varphi$ 有关，即：

$$P_1 = \sqrt{3} U_1 I_1 COS\varphi$$

（九）效率

电动机从电源吸取的有功功率，称为电动机的输入功率或轴功率，用 $N_{轴}$ 表示。而电动机转轴上输出的机械功率，称为输出功率或有效功率，用 $N_{有效}$ 表示。输出功率和输入功率之比，称为效率，常用符号 η 表示，即：

$$\eta = \frac{N_{有效}}{N_{轴}} \times 100\%$$

（十）定额

定额是指电动机正常使用的持续的时间。一般分连续、短时与断续三种，铭牌上的"SI"表示连续工作制。

（十一）防护等级

电动机外壳的防护等级标志由字母 IP 及两位数字组成。第一位数字表示外壳防止固体异物进入电动机内及防止人体触及内部带电或运行部件的防护能力，第二数字表示外壳防止水进入电动机内部的防护能力。

（十二）额定噪声值

额定噪声值表示电动机在额定情况下噪声的大小。

三、三相异步电动机运行中的检查

（一）启动前的检查

（1）用验电笔检查三相电源线是否均有电，用万用表或电压表测量电源电压是否与电动机额定电压相符。

（2）检查电动机启动设备，开关触头接触是否良好，有无损坏或接线错误等故障。

（3）检查熔断丝有无熔断、松动或大小规格不相符的现象。

（4）检查电动机铭牌所示的额定数据是否符合使用要求，电动机绕组的接线是否正确，电动机与开关、启动设备之间连接线是否有松动或脱落的现象。

（5）绕线式转子电动机应检查短接集电环装置的手柄和启动变阻器的控制手柄是否在启动位置上，电刷是否紧密地与集电环接触，电刷提升机构是否灵活，电刷压力是否正常，一般为 $1.5 \sim 2.5 N/cm^2$。

（6）用干燥的压缩空气吹净电动机内部灰尘及污垢杂物。

（7）检查电动机的转轴转动是否灵活，轴承是否有油。对于滑动轴承，应检查是否达到规定油位，转子轴向串动量每侧允许 2～3mm。

（8）对于新的或长期不用的电动机，使用前应检查绕组间及绕组对地的绝缘电阻；对绕线式电动机，除检查定子绝缘外，还应检查转子绕组及集电环对地及集电环之间的绝缘电阻，绝缘电阻不得小于 1MΩ/kV。一般三相 380V 电动机的绝缘电阻应大于 0.5MΩ，否则应对电动机绕组烘干。

（9）检查电动机和被拖动的机械设备有无损坏或卡住等不良现象。

（10）检查电动机的传动装置是否过紧或过松，联轴器的螺钉及销子是否牢固。

（11）检查电动机的接地装置是否可靠。

（二）启动时的注意事项

（1）操作人员应穿戴好劳动保护用品，防止卷入旋转机械，不应有人靠近机组旁边。

（2）合刀闸时，操作人员应站在一侧，防止被电弧烧伤，合闸时动作应迅速果断。

（3）使用双闸刀启动器、星形—三角形启动器或自耦减压启动器时，必须遵守操作顺序。

（4）几台电动机共用一台变压器时，应按从大到小顺序逐台启动，不可同时启动。

（5）电动机应避免频繁启动或尽量减少启动次数，一般空载连续启动不得超过 3～5 次，对于满载电动机，其连续启动次数不得超过 2 次。

（6）接通电源后，电动机即在几秒或十几秒的时间内就能达到额定转速，若发现启动很慢、声音不正常或不转动，应迅速切断电源，待检查找出原因排除故障后方可重新启动。

（三）启动后的检查

（1）检查电动机旋转方向。

（2）电动机在启动和加速时有无异常声音和振动。

（3）启动电流是否正常。

（4）启动时间是否正常。

（5）油环是否转动（对于滑动轴承）。

（6）负载电流是否正常，有无脉冲和不平衡现象。

（7）启动装置是否正常。

（8）冷却系统和控制系统动作是否正常。

（四）运行中的监视

电动机投入运行以后，操作人员应经常监视机组运行情况，并要注意监视以下几个方面：

（1）电动机的电流。

（2）电动机的电压。

（3）电动机的温升。

（4）轴承的温度，滑动轴承一般不超过 70℃，滚动轴承一般不超过 75℃。

（5）电动机有无振动，机组声音是否异常、是否出现不正常气味或冒烟等。

四、三相异步电动机的维护

（一）三相异步电动机保养

（1）按操作规程停运电动机，拉下刀闸，挂上警示牌。

（2）用螺丝刀或小梅花扳手拆开接线盒，把电源线断开，标记好相序。

（3）用梅花扳手卸下电动机的地脚螺栓、接地线固定螺钉。

（4）拆下对轮销钉，使泵和电动机脱开，用撬杠使电动机转移一个角度，以便有利于保养电动机。

（5）用拉力器拆下电动机对轮，先保养前轴承。

（6）拆下电动机轴承前端盖，检查油质和油量，用压铅测量法检查轴承间隙是否合格。

（7）拆下电动机前端盖，检查电动机定子线圈上是否有油污，应用清洗剂进行清洗。

（8）检查前轴承外轨是否有跑外圆的痕迹，擦净轴承及轴承盒内的润滑油，检查轴承是否有过热变色现象。

（9）拆下风罩固定螺钉，取下风罩，检查风扇叶是否齐全对称。

（10）用螺丝刀和尖嘴钳取下卡簧，用撬杠对称撬下风扇，并用清洗剂进行清洗。

（11）用扳手卸下后轴承压盖，用压铅法检查轴承间隙是否合格。

（12）用扳手卸下电动机后端盖，检查电动机定子绕组是否有油污，用清洗剂清洗，擦净轴承及前后轴承盖的油污。

（13）检查后轴承是否有跑外圆的痕迹，保持架是否松动，有无过热变色现象。

（14）对轴承重新加清洁的润滑油。

（15）按照拆开的相反顺序安装各部件，组装好电动机，用抹布擦净机体。

（16）用铜棒把电动机对轮安好，并对泵和电动机进行找正。

（17）按要求接好电源线，注意密封防爆部位。

（18）合上刀闸，按操作规程启泵，挂上运行牌。

（19）按检查电动机的项目检查维修保养后的电动机，查看各项指标是否合格。

（二）三相异步电动机的维护注意事项

（1）拆装风扇时不可硬敲打，以防损坏风扇，影响静平衡。

（2）卸下端盖时，用干净清洁的铁丝从螺孔内穿入将轴承内盖固定，以防内盖位移后不易装端盖。

（3）要按轴承要求选用符合规程的润滑脂，加油时注意清洁，加入量不宜过多，为轴承盒容积量80%。

（4）装轴承端盖穿螺栓时要平稳，防止轴承内盖滑脱，对孔困难。

（5）上端盖螺栓时要用力均匀，以防损坏螺纹。

五、三相异步电动机的维护故障及处理

（一）电动机缺相运行现象

（1）电动机缺相运行时，转子左右摆动，有较大嗡嗡声。

（2）缺相的电流表无指示，其他两相电流升高，泵的转数发生一定变化。

（3）电动机转数降低，电流增大，电动机发热，温升快。

如果发生上述现象，必须立即停机检查。

（二）电动机紧急停机

电动机出现下列情况应立即停机：

（1）电缆接线头或启动装置冒烟、打火。

（2）电动机出现剧烈振动。

（3）电动机声音异常。

（4）拖动机械设备出现故障或损坏。

（5）电动机电流突然急剧上升。

（6）转速急剧下降，温度急剧升高。

（7）电动机着火。

（8）发生人身伤亡事故，或火灾、水灾等事故。

（三）电动机常见故障原因及处理方法

1. 电动机不能启动

1）故障原因

（1）电源未接通。

（2）绕组断路。

（3）定子绕组相间短路。

（4）定子绕组接地。

（5）定子绕组接线错误。

（6）熔断丝烧断。

（7）绕线转子电动机启动误操作。

2）处理方法

（1）检查开关、熔断丝、各对触点及电动机引出线头。

（2）需专业人员拆机检修（对应故障原因：绕组断路）。

（3）需专业人员拆机检修（对应故障原因：定子绕组相间短路）。

（4）需专业人员拆机检修（对应故障原因：定子绕组接地）。

（5）需专业人员拆机检修（对应故障原因：定子绕组接线错误）。

（6）查出原因，排除故障，按电动机规格配新熔断丝。

（7）检查集电环短路装置及启动变阻器位置，启动时应分开短路装置，串接变阻器。

2. 电动机通电后,电动机不启动,有嗡嗡响声

1)故障原因

(1)改极重绕后,槽配合选择不当。

(2)定子、转子绕组断路。

(3)绕组引出线始末端接错或绕组内部接反。

(4)电动机负载过大或被卡住。

(5)电源未能全部接通。

(6)电压过低。

(7)对于小型电动机,润滑脂硬或装配太紧。

2)处理方法

(1)选择合理绕组形式和绕组节距,适当车小转子直径,重新计算绕组参数。

(2)查明断路点,进行修复,检查绕线转子电刷与集电环接触状态,检查启动电阻是否断路或电阻过大。

(3)在定子绕组中通入直流电,检查绕组极性,判定绕组首末端是否正确。

(4)检查设备,排除故障。

(5)更换熔断的熔断器,紧固接线柱上松动的螺钉,用万用表检查电源线某相断线或假接故障,然后修复。

(6)如果△接电动机误接成Y接,就改回△;电源电压太低时,应与供电部门联系解决;电源线压降太大造成电压过低时应改粗电缆线。

(7)选择合适的润滑脂,提高装配质量。

3. 绝缘电阻低

1)故障原因

(1)绕组受潮或被水淋湿。

(2)绕组绝缘沾满粉尘、油垢。

(3)电动机接线板损坏,引出线绝缘老化破裂。

(4)绕组绝缘老化。

2)处理方法

(1)进行加热烘干处理。

(2)清洗绕组油垢,并经干燥、浸渍处理。

(3)重包引线绝缘,更换或修理出线盒及接线板。

(4)经鉴定可以继续使用时,可经清洗干燥,重新涂漆处理;如果绝缘老化、不能安全运行时,需更换绝缘。

4. 电动机外壳带电

1)故障原因

(1)电源线与接地线接错。

(2)电动机绕组受潮,绝缘严重老化。

(3)引出线与接线盒接地。

(4)线圈端部顶端接地。

2)处理方法

(1)纠正接线。

(2)电动机烘干处理,老化的绝缘要更新。

(3)包扎或更新引出线绝缘,修理接线盒。

(4)拆下端盖,检查线圈接地点,要包扎绝缘和涂漆,端盖内壁垫绝缘纸。

5. 电动机振动

1)故障原因

(1)轴承磨损,间隙不合格。

(2)气隙不均。

(3)转子不平衡。

(4)机壳强度不够。

(5)基础强度不够或安装不平。

(6)风扇不平衡。

(7)绕线转子开焊、断路。

(8)笼型转子开焊、断路。

(9)定子绕组短路、断路、接地、连接错误等。

(10)转轴弯曲。

(11)铁芯变形或松动。

(12)靠背轮或皮带轮安装不符合要求。

(13)齿轮接手松动。

（14）电动机地脚螺栓松动。

2）处理方法

（1）检查轴承间隙，应符合要求。

（2）调整气隙，使之符合规定。

（3）检查原因，经过清扫，紧固各部螺栓后校动平衡。

（4）找出薄弱点，进行加固，增加机械强度。

（5）将基础加固，并将电动机地脚找平、垫平，最后紧固。

（6）检修风扇，校正几何形状和校平衡。

（7）需专业人员拆机检修。

（8）进行补焊或更换笼条。

（9）需专业人员拆机检修。

（10）校直转轴。

（11）校正铁芯，然后重新叠装铁芯。

（12）重新找正，必要时检修靠背轮或皮带轮，重新安装。

（13）检查齿轮接手，进行修理，使之符合要求。

（14）紧固或更换不合格的电动机地脚螺栓。

6. 电动机运行时有杂音

1）故障原因

（1）改极重绕时，槽配合不当。

（2）转子擦绝缘纸或槽楔。

（3）轴承磨损。

（4）定子、转子铁芯松动。

（5）电压太高或不平衡。

（6）定子绕组接错。

（7）绕组短路。

（8）重绕时每相匝数不相等。

（9）轴承缺少润滑脂。

（10）风扇碰风罩。

（11）气隙不均匀，定子、转子相擦。

2）处理方法

（1）校验定子、转子槽配合。

（2）检修绝缘纸或槽楔。

（3）检修或更换新轴承。

（4）检查振动原因，重新压铁芯。

（5）测量电源电压，检查电压过高或不平衡原因并进行处理。

（6）需专业人员拆机检修（对应故障原因：定子绕组接错）。

（7）需专业人员拆机检修（对应故障原因：绕组短路）。

（8）重新绕线，改正匝数。

（9）清洗轴承，添加润滑脂，使其充满轴承室容积的 1/3～1/2。

（10）修理风扇和风罩，使其几何尺寸正确，清理通风道。

（11）调整气隙，提高装配质量。

7. 轴承发热超过规定

1）故障原因

（1）润滑脂过多或过少。

（2）油质不好，含有杂质。

（3）轴承与轴颈配合过松或过紧。

（4）轴承与端盖配合过松或过紧。

（5）油封太紧。

（6）轴承内盖偏心与轴相擦。

（7）电动机两侧端盖或轴承盖未装平。

（8）轴承磨损，有杂物等。

（9）电动机与被拖机构连接偏心或传动皮带过紧。

（10）轴承型号选小了，过载，使滚动体承受载荷过大。

（11）轴承间隙过大或过小。

（12）滑动轴环转动不灵活。

2）处理方法

（1）拆开轴承盖，检查油量，要求润滑脂填充至轴承室容积的 1/3～1/2。

（2）检查油内有无杂质，更换洁净的润滑脂。

（3）更换轴承，使之符合配合公差要求。

（4）更换新轴承。

（5）更换或修理油封。

（6）修理轴承内壁，使之符合配合公差要求。

（7）按正确工艺将端盖轴承盖装入止口内，然后均匀紧固螺钉。

（8）更换损坏的轴承，对含有杂质的轴承要彻底清洗、换油。

（9）校准电动机与被拖动机构连接的中心线，并调整传动皮带的张力。

（10）选择合适型号的轴承。

（11）更换新轴承。

（12）检修轴环使尺寸正确，校正平衡。

8.电动机过热或冒烟

1）故障原因

（1）电源电压过高，使铁芯磁通密度过饱和，造成电动机温升过高。

（2）电源电压过低，在额定负载下电动机温升过高。

（3）灼线时，铁芯被过灼，使铁耗增大。

（4）定子、转子铁芯相擦。

（5）绕组表面沾满尘垢或异物，影响电动机散热。

（6）电动机过载或拖动的生产机械阻力过大，使电动机发热。

（7）电动机频繁启动或正转、反转次数过多。

（8）笼形转子断条或绕线转子绕组接线松脱，电动机在额定负载下转子发热，使电动机温升过高。

（9）绕组匝间短路、相间短路以及绕组接地。

（10）进风温度过高。

（11）风扇通风不良。

（12）电动机两相运转。

（13）重绕后绕组浸渍不良。

（14）环境温度增高或电动机通风道堵塞。

（15）绕组接线错误。

2）处理方法

（1）如果电源电压超过标准很多，应与供电部门联系解决。

（2）若因电源线电压降过大而引起，可更换较粗的电线，如果是电源电压太低，可向供电部门联系，提高电源电压。

（3）做铁芯检查试验，检修铁芯，排除故障。

（4）检查故障原因，如是轴承间隙超限，则应更换新轴承，如果转轴弯曲，则需调直处理，铁芯松动或变形时，应处理铁芯。

（5）清扫或清洗电动机，并使电动机通风畅通。

（6）排除拖动机械故障，减少阻力，根据电流表指示，采取相应措施。

（7）减少电动机启动及正转、反转次数或更换合适的电动机。

（8）查明断条和松脱处，重新补焊或拧紧固定螺钉。

（9）需专业人员拆机检修。

（10）检查冷却水装置是否有故障，检查周围环境温度是否正常。

（11）检查电动机风扇是否损坏，扇叶是否变形或未固定好，必要时更换风扇。

（12）检查熔断丝、开关接触点，排除故障。

（13）要采取二次浸漆工艺，最好采用真空浸漆措施。

（14）改善环境温度采取降温措施，隔离电动机附近高温热源，不使电动机在日光下暴晒。

（15）Y接电动机误接成△接，或△接电动机误接成Y接，要改正接线。

第二章
天然气处理设备

第一节　天然气分离器

一、天然气中的杂质及其危害

从气井产出的天然气中往往含有液体和固体杂质，液体杂质有水、油等，固体杂质有泥沙、岩石颗粒等，这些杂质如不及时除掉，会对采气、输气、脱硫和用户带来很大危害，影响生产正常进行。其主要危害有以下几个方面。

（一）增加输气阻力，使管线输送压力下降

气液两相流动比气体单相流动时的摩阻大，对直径一定的管线来说，摩阻增大意味着通过能力下降。含液量越高，气流速度越低，越易在管线低凹部位积液，形成液堵，严重时甚至中断输气。

（二）含硫地层水对管线和采气设备的腐蚀

实验和矿场实际资料说明，含硫化氢的液态水对金属腐蚀严重，会使管壁厚度大面积减薄或产生局部坑蚀。

（三）天然气中的固体杂质在高速流动时对管壁产生冲蚀

如同喷砂除锈一样，高速流动的泥沙固体颗粒会对金属产生强烈的冲蚀，尤其在管线的转弯部位。因为在转弯部位气流运动方向改变时砂粒直接冲刷到管壁上，在管壁上形成一道道伤痕，从而有可能导致管线在这些部位破裂。在气井放喷时，在管线转弯处突然爆破的恶性事故曾多次发生。

（四）使天然气流量测量不准

孔板差压流量计测量气体流量的条件要求是气体干净，保持单相流动。如果气液两相经过孔板，使孔板前后差压波动，影响流量准确计量。

所以，为了避免上述危害，天然气从井底产出后，首先要进行气液固分离。

二、分离设备类型

分离设备要求简单可靠、分离效率高，不要有经常更换或清洗的部件，天然气通过分离设备时，压力损失也不能太大。

分离器是分离天然气中液（固）杂质的重要设备，按其工作原理可分为

立式重力式分离器、卧式重力式分离器、旋风分离器、多管干式除尘器、过滤分离器等。气液分离器常采用自动排污系统进行自动排污。

（一）立式重力式分离器

1. 结构

立式重力式分离器一般由筒体、进口管、出口管、防冲板、捕雾器、液位计接管、排污管等部件组成，按其作用可分为分离段、沉降段、除雾段、储存段4部分。目前常用的两种立式重力式分离器如图2-1、图2-2所示。

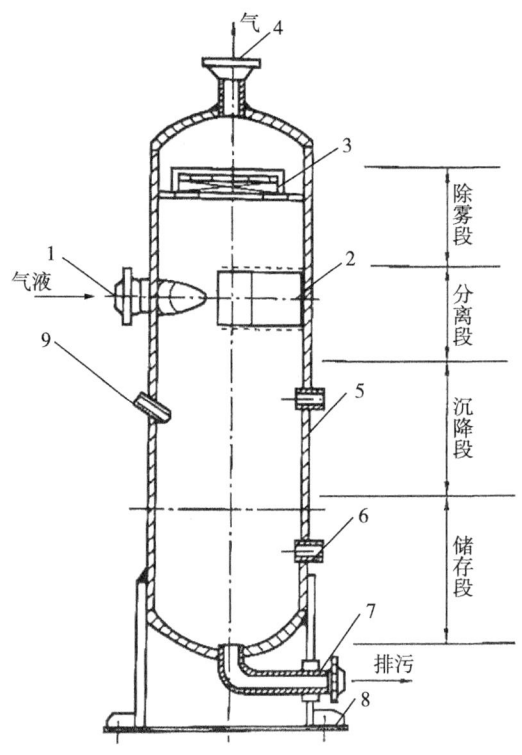

图 2-1 立式重力式分离器（一）

1—进口；2—防冲板；3—捕雾器；4—气出口管；5—筒体；6—液位计接管；
7—排污管；8—底座；9—温度计插孔

第二章 天然气处理设备

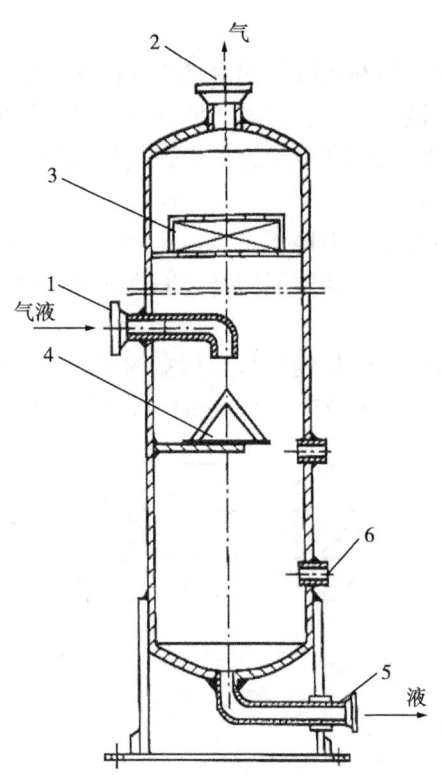

图 2-2 立式重力式分离器（二）
1—进口；2—气出口管；3—捕雾器；4—伞形板；5—排污管；6—液位计接管

2. 工作原理

现以图 2-1 为例，分别叙述各部分的作用。

1）分离段

气液固混合物由切向进口进入分离器后旋转，在离心力作用下密度大的液（固）体被抛向器壁顺流而下，液（固）体得到初步分离。该部分防冲板是焊接在器壁上的一块金属板，主要目的是防止气体中的固体颗粒直接冲刷器壁。

2）沉降段

沉降段直径比混合物进口管直径大很多，气流在沉降段流速会急速降低，液（固）体被气体携带一起向上运动时，由于液（固）体的密度比气体的密度大很多（如在 5MPa 时水的密度是甲烷密度的 28 倍），同时液（固）体还受到向下的重力作用而向下沉降，如果液滴足够大，以致其沉降速度大于被气体携带的速度时，液滴就会向下沉降被分离出来（对固体颗粒也一样）。

3）除雾段

除雾段用来捕集未能在沉降段内分离出来的雾状液滴。捕雾器利用碰撞原理分离微小的雾状液滴。雾状液滴不断碰撞到已润湿的捕雾器丝网表面上并逐渐聚积，当直径增大到其重力大于上升气流的升力和丝网表面的黏着力时，液滴就会沉降下来。

分离器内的捕雾器的自由体积很大，气体通过捕雾器的压力损失很小。捕雾器质量轻，使用方便，捕集能力好。用于除雾的捕雾器有翼状捕雾器和丝网捕雾器两种。

翼状捕雾器是带微粒收集的平行金属盘构成的迷宫组成，一般能除去直径 10～30pm 的液滴，压降约 25～250mmH$_2$O。翼状捕雾器结构如图 2-3 所示。

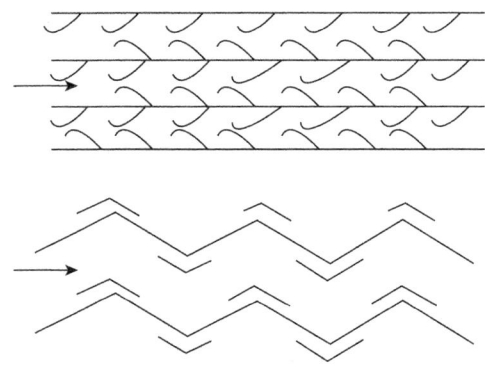

图 2-3 翼状捕集器示意图

丝网捕雾器是用直径 0.1～0.25mm 的金属丝（不锈钢、紫铜丝等）或尼龙丝、聚乙烯丝等编织而成，具有较高的除雾效率（通常能达到 98%～99%），气体通过丝网的阻力降小（一般为 25～250mmH$_2$O）。丝网捕雾器重量轻，且使用方便，能除去重力沉降分离不能去除的液滴，一般安装在气流的出口部位。丝网捕雾器结构如图 2-4 所示。

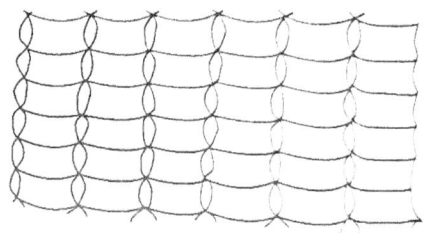

图 2-4 丝网状捕集器示意图

4）储存段

储存段用来储存分离下来的液（固）体，存储的液（固）体杂质定期通过排污管进行排放。

3. 影响分离器效率的因素

影响立式重力式分离器效率的主要因素是分离器的直径。在处理气量、工作压力一定时，直径越大、气流速度越低，对分离细小液滴越有利。但直径过大，钢材消耗量大，加工不易。

（二）卧式重力式分离器

1. 结构

卧式重力式分离器主要由筒体、进口管、出口管、挡板、高效分离元件、积液包等组成。卧式重力式分离器结构如图2-5所示。

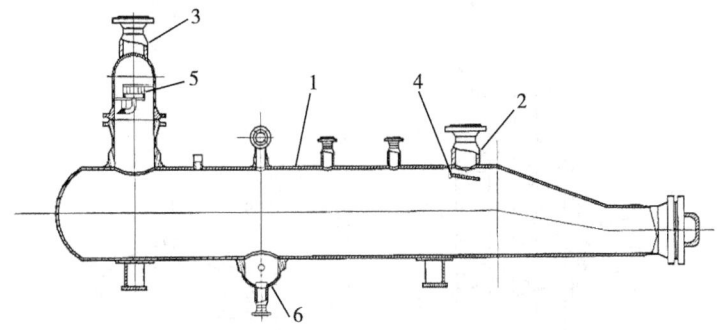

图2-5 卧式分离器结构示意图

1—筒体；2—进口管；3—出口管；4—挡板；5—高效分离元件；6—积液包

2. 工作原理

当含有液（固）体杂质的天然气进入卧式重力式分离器后，在挡板的作用下改变流向，直径较大的液（固）体杂质在惯性力的作用下被分离出来；直径较小的液（固）体杂质随气流撞击挡板折向后水平运动，由于分离器直径增大，气流速度降低，在重力作用下直径较小的液（固）杂质沉降至筒体底部；天然气携带的直径较小的雾状液滴向上运动，由于截面变小，流速增加，与高效分离元件接触，逐渐聚积成大的液滴而沉降至筒体底部，除去液（固）体杂质的天然气由出口管排出。积液包汇集分离出的液（固）体杂质，达到一定量后，通过排污阀排出。

立式和卧式重力式分离器通常用于分离含液量较多、液体或固体颗粒较大的天然气，以及对净化要求不高的采气井站。采用重力式分离器时，气体的压力和流量的波动对分离效率的影响较小。在分离器直径和工作压力相同的情况下，卧式重力式分离器处理气量比立式重力式分离器大。

（三）旋风分离器

旋风分离器亦称离心式分离器，它用来分离重力式分离器难以分离的颗粒更微小的液（固）体杂质。

1. 结构

旋风分离器由筒体、气体进口管、气体出口管、排液口、螺旋叶片、锥形管、内管、支持板等部件组成。旋风分离器与重力式分离器的主要区别在于进口管为切线方向进入筒体，并且与筒体内的螺旋叶片连接，使天然气进入分离器筒体后发生旋转运动。旋风分离器结构如图2-6所示。

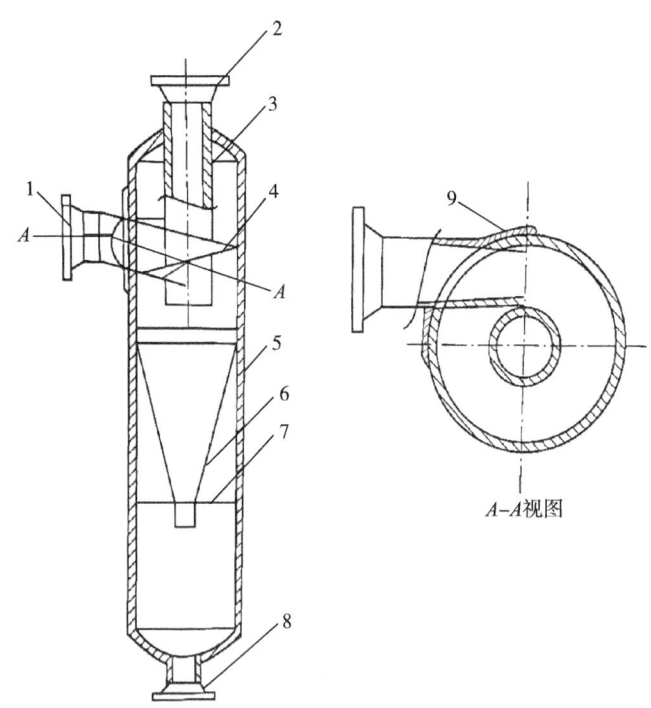

图 2-6 旋风式分离器结构示意图

1—气体进口；2—气体出口；3—内管；4—螺旋叶片；5—筒体；6—锥形管；
7—支持板；8—排液口；9—加强板

2. 工作原理

旋风分离器主要利用离心力原理分离液（固）体杂质。气液（固）混合物由切线方向进入分离器后，沿分离器筒体旋转，产生离心力。离心力的大小与气液（固）颗粒的密度成正比。密度大，离心力大；密度小，离心力小。液（固）体颗粒的密度比气体大很多，产生的离心力也比气体分子大很多，于是液（固）体颗粒就被抛到外圈（靠近器壁），较轻的气体则在内圈，液（固）体颗粒在离心力的作用下就被分离出来了。被抛在外圈的液体（固）颗粒继续旋转，并向下沉降，最后到达锥形管聚积后从下部出口排出，内圈的气体则从上部出口排出。

旋风分离器与重力式分离器相比，具有体积小、处理气量大的优点，但气体压力和流量波动对分离效率影响较大，并且当天然气中含液量较多，特别是夹带股状水时影响更大，由于水撞击器壁而飞溅被中心旋转圈的气流再次夹带出分离器，故它常用于含液量较少的场合。

（四）多管干式除尘器

在大流量输气管道上使用切向入口的旋风除尘器时要求的直径很大，而效率却不高，可采用多管干式除尘器。多管干式除尘器主要用于大型输气站、配气站和脱水后的干气除尘，即分离天然气中的粉尘。

1. 结构

多管干式除尘器主要由筒体、旋风子隔板、破旋板等几部分组成。其上设有气体入口、气体出口、排污口、注水口、清掏孔。除尘器内安装有多个旋风子，单个旋风子由筒体、中心管、导向叶片、锥形管组成，旋风子中心管的外壁与上隔板相连、筒体的外壁与下隔板相连。按照具体需要确定除尘器的旋风子数量，工作条件变化后，可用改变工作旋风子数量的方法加以调整。多管干式除尘器结构如图 2-7 所示。

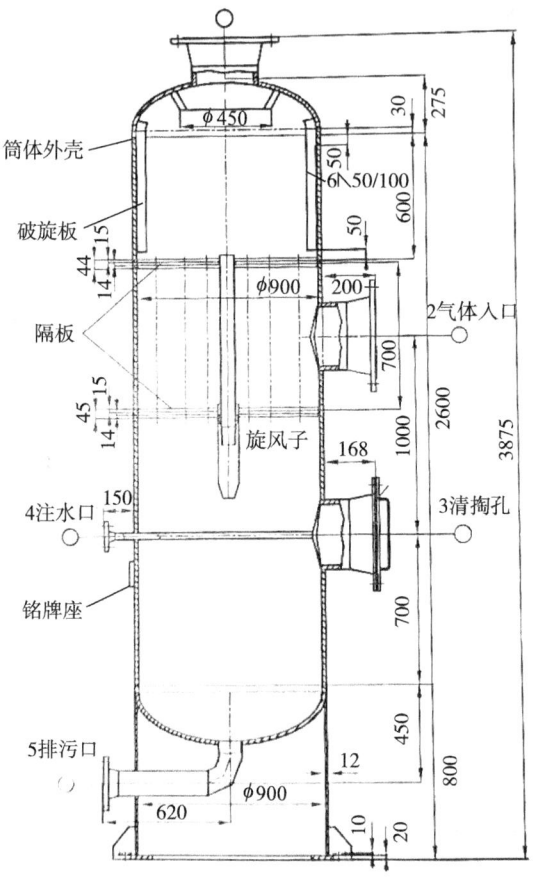

图 2-7 多管干式除尘器结构示意图

2. 工作原理

天然气由气体入口管进入上下隔板之间，经自由分配后进入各旋风子，在旋风子导向叶片的引导下以旋转的方式进入旋风子，并沿着旋风子筒体的内壁向下做回旋运动产生离心力，离心力的大小与固颗粒的密度成正比，固体的密度远大于气体，产生的离心力比气体分子大，固体颗粒就被抛到外圈，较轻的气体在内圈，气固体得到分离。被抛在外圈的固体颗粒继续旋转并向下沉降，沿旋风子锥形管尾部沉降到除尘器底部，然后由排污管排出；气体则在锥形管尾部开始做向上的回旋运动，经旋风子中心管进入除尘器上部，经破旋板整流后，由出口管输入下游设备。

常用的旋风子有轴流式和涡流式两种，结构如图2-8所示。轴流式旋风子的气流由轴向进入，用一组螺旋叶片导致旋转运动。涡流式旋风子的气流由切向进入，经渐开线蜗壳形成旋转运动，蜗壳多用两根渐开线相绕而成，称为双蜗旋风子。

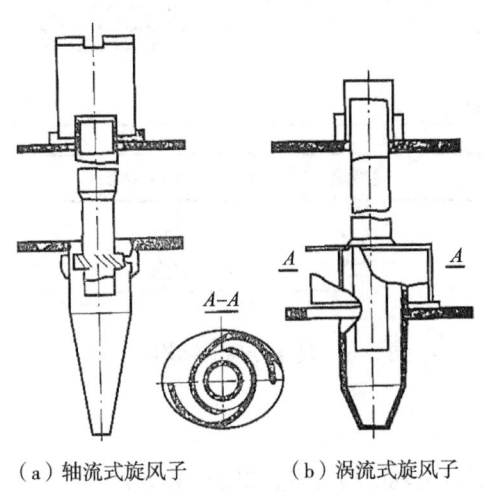

（a）轴流式旋风子　　（b）涡流式旋风子

图2-8　旋风子结构示意图

多管式除尘器的压力降宜控制在20.0kPa以内，压力、流量适应范围较广。

（五）过滤分离器

过滤分离器用于气体的深度净化处理，以除去天然气中微小液（固）体杂质。常用于脱水、脱硫、压缩机组等装置前的气体净化。

1. 结构

过滤分离器主要由筒体、储液罐、滤芯、除雾器、快开盲板等几部分组成，如图2-9所示。其上设有天然气入口、天然气出口、排污口。

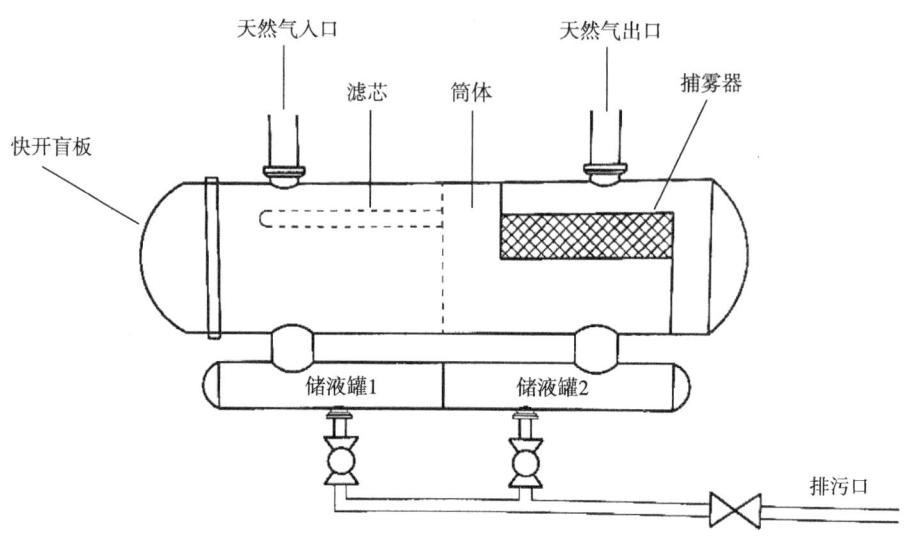

图 2-9 过滤分离器结构示意图

2. 工作原理

过滤分离器按其工作原理分为过滤段和分离段。

天然气经入口管进入过滤段,流速降低,由滤芯四周沿径向进入滤芯中部的气流通道经中间隔板上的孔进入分离段。颗粒较大的液(固)体杂质,在滤芯外壁被过滤出来,液滴与固体的混合物逐渐聚集在一起,在重力的作用下沉降至容器底部,经连接管进入左侧储液罐,由排污阀排出。

经过滤段后带有雾沫的气体,流速进一步降低,雾沫随气体以一定的流速与捕雾器的丝网发生碰撞,在丝网上凝结成较大的液滴,在重力作用下沉降到容器底部,经连接管进入右侧储液罐,由排污阀排出。天然气通过捕雾器后,经出口管进入下游设备。

过滤分离器在使用过程中应严格控制液位和进出口压差(一般控制在50kPa 范围内),并定期停产检修,检查、更换其内部过滤元件。

三、分离器自动排液系统

分离器自动排液系统常用于天然气集输中气液分离器内气田水量较多的自动排放及计量。安全可靠的自动排污系统可避免因人工操作不当造成的分离器翻塔或高压天然气进入低压排污系统,有利于减轻操作人员的劳动强度和保证生产运行安全。

（一）分离器自动排液系统分类

目前，常用的分离器自动排液系统按控制类型可分为机械式、电控式、气控式3类。

（1）机械式。如疏水阀和排污阀等，采用浮筒或浮球与连杆放大机构连接，在浮力作用下的机械动作控制阀门开闭，实现容器自动排液。

（2）电控式或电气联控式。由液位检测计输出电信号控制执行器对阀门进行开闭，实现自动排液，如脱水装置吸收塔自动排液系统。

（3）气控式。如采气站常用的LYLCA-Ⅲ（Ⅴ）节电型自动排液系统。

（二）疏水阀

疏水阀是天然气疏水阀的简称，是一种能全自动排液的机械式疏水阀。主要利用浮球和杠杆平衡原理实现天然气的气水分离和自动排水，常用于管道或分离器中沉积水的自动排放，排放过程中无天然气泄漏。

1. 结构

疏水阀一般由进液口、回气口、检查口、动力系统（浮球、杠杆）、阀芯、阀座、排液口，排污口等组成。

2. 工作原理

疏水阀进水口和天然气分离器相连，分离器内液体在重力作用下进入疏水阀，通过防冲环罩改变流向，垂直向下运动，当疏水阀内液面升高到一定程度时，动力系统向上运动并开启阀门，疏水阀开始排液。液体在系统压力下，经转向罩在排水腔内向上做垂直运动，经阀芯从排水口排出。此时由于固体杂质的重力方向与液流方向重合而沉于阀底部经排污口定时排除，避免杂质对阀芯造成损伤。当液体排到一定量时，动力系统向下运动，阀门关闭。当疏水阀进液量再次达到一定高度时，动力系统再度启动，如此往复循环，就形成了连续的全自动排液。疏水阀整个排液过程中无天然气泄漏。

（三）节电型自动排液系统

以常用的LYLCA-Ⅲ（Ⅳ）节电型自动排液系统为例介绍结构及工作原理。

1. 结构

LYLCA-Ⅲ（Ⅴ）节电型自动排液系统主要由磁性液位计、液位检测控制仪、气动控制柜和气动排液阀4部分构成。

2. 工作原理

液位计筒体内磁浮子与分离器内液位始终保持同一高度，标尺上红色磁柱则直观地显示其液位高度，液位检测杆内的上下限液位开关、上下限液位报警开关用于监测其液位的变化。当分离气内液位升至设定排液高度时，磁浮子使上液位开关闭合输出信号给仪表间的液位监测控制仪（Ⅱ）内的液位电子控制模块，使电磁阀通电，此时由气动控制柜控制单元减压至 0.25～0.4MPa 的天然气经电磁阀进入排液阀上膜腔，在上膜腔气压的作用下排液阀立即打开进行自动排液，随着分离器液位的下降、磁浮子使下液位开关闭合，液位电子控制模块使电磁阀失电而换向，气动排液阀膜腔内气体经换向后由电磁阀排除，排液阀关闭，自动停止排液。如此周而复始进行自动排液，并记录排液次数和累计排液量。若发生故障或分离器内液位异常时，现场仪表间的液位检测控制仪均发出声、光报警信号，及时提醒操作人员处理和排除故障。

第二节 天然气压缩机

一、常用名称解释

（1）压缩机：用来压缩气体借以提高气体压力的机械称为压缩机，也有把压缩机称为"压气机"和"气泵"。

（2）余隙容积及相对余隙容积：当活塞运动到上止点时，活塞顶端与气缸组件之间的所有容积称为余隙容积。它包括气阀、气缸盖之间的容积，第一道活塞环以上的环形空间以及气阀内侧的三部分容积组成。余隙容积与气缸工作容积之比，称为相对余隙容积。

（3）单作用：单作用是指压缩的动作发生在压缩缸的一端。

（4）双作用：双作用是指压缩的动作发生在压缩缸的两端。

（5）吸气压力：吸入压缩机的气体压力；多级压缩机各级存在级间进气压力。

（6）排气压力：最终排出压缩机的气体压力；由排气管网决定：排入管网的流量与用户耗气量达到平衡；多级压缩机各级存在级间排气压力。

（7）级间压力：多级压缩机末级以前各级的排出压力，称为级间压力，或称为该级的排气压力。

（8）单级压比及总压比：压缩机末级排气接管处压力（压缩机的名义排气压力）与第一级进气接管处压力（压缩机的名义吸气压力）之比，即压缩机的（名义）压比，也叫总压比。各级排气压力与其吸气压力之比称为级的（名义）压比。

（9）吸气温度：压缩机第一级吸入气体的温度。多级压缩机各级的吸入气体温度称为该级的吸气温度。

（10）排气温度：压缩机末级排出气体的温度。在末级排气法兰接管处测量。由于压缩气体（R22、乙烯、乙炔高温分解，氯气电化、氧化腐蚀）、润滑油（黏度降低、积炭）、密封材料（膨胀变形、氧化）要求，排气温度一般都有所限制。

（11）级间温度：多级压缩机中间级的排出气体温度称为级间温度。

（12）压缩机功率：在压缩机的气缸内，一个实际循环所消耗的功称指示功，单位时间内所消耗的指示功称为指示功率，每级的指示功率称为级指示功率。

（13）行程容积：压缩机活塞单位时间中所扫过气缸的容积，即单位时间内的理论吸气容积值（m^3/min）。

（14）吸气容积：压缩机单位时间内吸入气缸的气体容积值（在吸气压力条件下）。

（15）压缩机排气量：单位时间内压缩机最末级排出的气体，换算到第一级吸气口状态（压力、温度、温度和压缩因子）或标准状态时的气体体积值即称为压缩机排气量。

（16）阀速：压缩机工作时气体经过气阀时的最大气流速度，也称阀隙速度（m/s）。

二、压缩机的分类

（一）按其工作原理分类

（1）容积式压缩机：容积式压缩机依赖往复运动部件或旋转部件在工作腔内周期性的运动，使吸入工作腔的等质量气体体积缩小而提高压力，其特点是压缩机具有容积可周期变化的工作腔。

（2）速度式压缩机：速度式压缩机借助于作高速旋转的转子，使气体获得很高速度，然后在扩容器中急剧降速增压，使气体动能转变为压力能，与此同时气体容积也相应减小。其特点是压缩机具有驱使气体获得流动速度的转子。

容积式压缩机和速度式压缩机按工作结构不同，还可做进一步区分。常见的压缩机分类如图2-10所示。

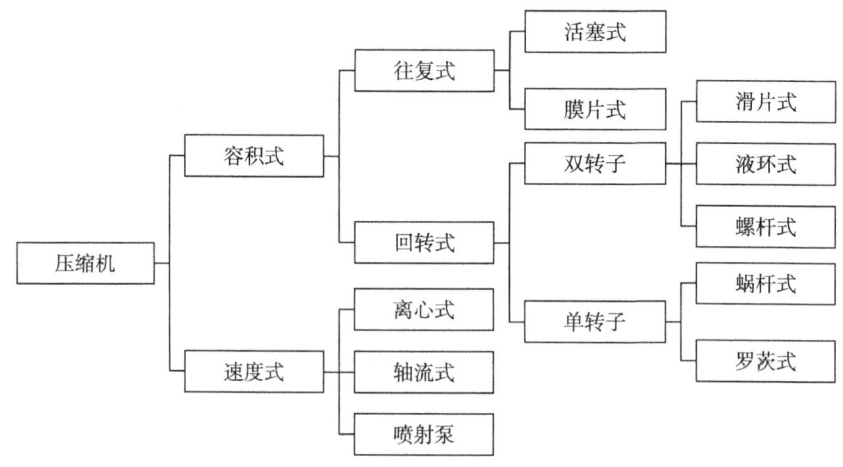

图2-10 压缩机按工作原理分类

（二）按压缩机排气压力分类

按压缩机排气压力可分为低压压缩机、中压压缩机、高压压缩机和超高压压缩机。压缩机按排气压力分类见表2-1。为了区分压缩机、风机，表2-1中列入了通风机和鼓风机的压力范围。

表2-1 压缩机按排气压力分类

分类	名称	排气压力（表压）
风机	通风机	<15kPa
	鼓风机	0.015～0.3MPa
压缩机	低压压缩机	0.3～1.0MPa
	中压压缩机	1.0～10MPa
	高压压缩机	10～100MPa
	超高压压缩机	>100MPa

（三）按压缩级数分类

（1）单级压缩机：气体仅通过一次压缩。

（2）两级压缩机：气体顺次通过两次压缩。

（3）多级压缩机：气体顺次通过多次压缩，相应通过几次便是几级压缩机。

在容积式压缩机中，每经过一次工作腔压缩后，气体便进入冷却器中进行一次冷却；而在离心式压缩机中，往往经过两次或两次以上叶轮增速和扩容器中急剧降速增压后，才进入冷却器进行冷却，并把每进行一次冷却的压缩机各级合称为一个段。

（四）按排气量或轴功率分类

按压缩机排气量或轴功率分为微型压缩机、小型压缩机、中型压缩机和大型压缩机，它们的排气量或轴功率范围见表2-2。

表2-2 各类型压缩机的排气量和轴功率

类型	排气量，m^3/min	轴功率，kW
微型压缩机	<1	<18.5
小型压缩机	1～10	18.5～55
中型压缩机	10～100	55～500
大型压缩机	>100	>500

（五）按结构特征与工作特征分类

压缩机按结构或工作特征的分类见表 2-3。

表 2-3　压缩机按结构或工作特征分类

按工作原理	容积式											动力式			
按工作腔中运动件或气流工作特性	往复式			回转式								离心式	轴流式	旋涡式	喷射式
按工作腔中运动件结构特征	活塞式	隔膜式	柱塞式	转子式	滑片式	液环式	三角转子	涡旋式	罗茨风机	双螺杆	单螺杆	叶轮式			喷射泵

（六）按气缸布置方式分类

压缩机按气缸布置方式分为卧式压缩机、立式压缩机、角度式压缩机和对称平衡型压缩机 4 种。

三、活塞式压缩机

（一）活塞式压缩机结构

活塞式压缩机主要由 3 部分组成：运动机构（曲轴、轴承、连杆、十字头、传动装置）、工作机构（气缸、活塞、气阀等）与机身。此外还有 3 个辅助系统，即润滑油系统、冷却系统及调节系统。

运动机构是一种曲柄连杆机构，把曲轴的旋转运动变为十字头的往复运动。动力机经传动装置（皮带轮、联轴器、减速箱、耦合器等）带动曲轴旋转，曲轴与连杆的大头相连，连杆的小头与十字头或活塞销相连，十字头被限定在机身上的十字头滑道内，只能作往复运动。这样旋转的曲轴使连杆作平面摆动，传到十字头则变为往复运动，十字头再通过活塞杆带动活塞在气缸内作往复运动。

机身用来支撑和安装整个运动机构和工作机构，又兼作润滑油箱用，曲轴用轴承支承在机身上，机身上的十字头滑道又支撑着十字头，压缩机气缸则固定在机身上。

工作机构是实现压缩机工作原理的主要部件。气缸呈圆筒形，两端都装有若干吸气阀和排气阀，活塞在气缸中间作往复运动。被压缩介质由安装在气缸吸入口的吸气阀吸入，经过活塞在气缸中运动压缩升压到排气压力后通过安装在排气口的排气阀排出，经冷却器降温后进入下一级压缩机压缩或输到输气管路中供使用。进入压缩机的气体分两次或更多次压缩升压的情况称多级压缩。

润滑系统的功用是将润滑油送到压缩机各运动部件的摩擦副表面上，以减小摩擦阻力和机械磨损，并带走摩擦产生的热量，起减摩、冷却、密封、防腐等作用，从而保证内燃机和压缩机的正常工作并延长使用寿命。它主要由油池、机油泵、机油滤清器、各种阀门及润滑油管道、油孔等组成。润滑油系统是压缩机能够连续安全运行的基本保证。因为压缩机运行中，有若干摩擦副相互运动，如果这些摩擦副得不到良好的润滑和冷却，将因摩擦温升而导致压缩机瘫痪。

冷却系统的功用是将受热零件所吸收的多余热量及时传导出去，以保证压缩机工作时温度正常，不致因过热或过冷而损坏机件，影响压缩机的工作。按所用冷却介质的不同，冷却系统可分为水冷却系统及空气冷却系统两大类。水冷却系统主要由气缸体及气缸盖内的冷却水夹套、水泵、风扇、散热器、节温器等组成。而空气冷却系统则主要由气缸体及气缸盖上的散热片、导流罩、风扇等组成。冷却系统也是压缩机能够连续安全运行的基本保证。因为压缩机运行中被压缩的气体温度会升高，同时压缩机气缸的温度也会随之升高，如果不及时进行冷却，当气缸内壁温度高于润滑油闪点，就将导致润滑油失效，从而使压缩机处于瘫痪状态。

调节系统的功用是调节压缩机轴功率、排气量和级间压力，一般由余隙调节阀和气阀顶开装置、阀件、旁路管系等组成。

（二）活塞式压缩机工作原理

往复式压缩机由曲柄连杆机构将驱动机的回转运动变为活塞的往复运动。气缸和活塞共同组成实现气体压缩的工作腔，活塞在气缸内做往复运动，使气体在气缸内完成吸气、压缩、排气、余气膨胀等过程，由吸气阀、排气阀控制气体进入与排出气缸。气体在被压缩过程中压力升高，因而实现对气体增压的目的。活塞式压缩机结构及工作原理如图2-11、图2-12所示。

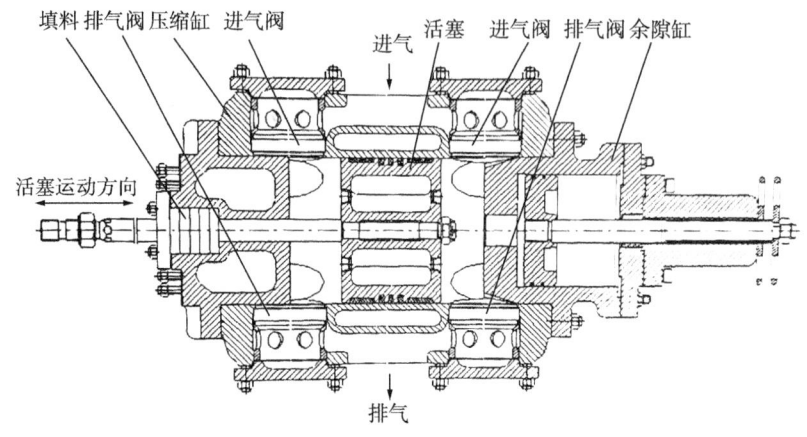

图 2-11 活塞压缩机结构

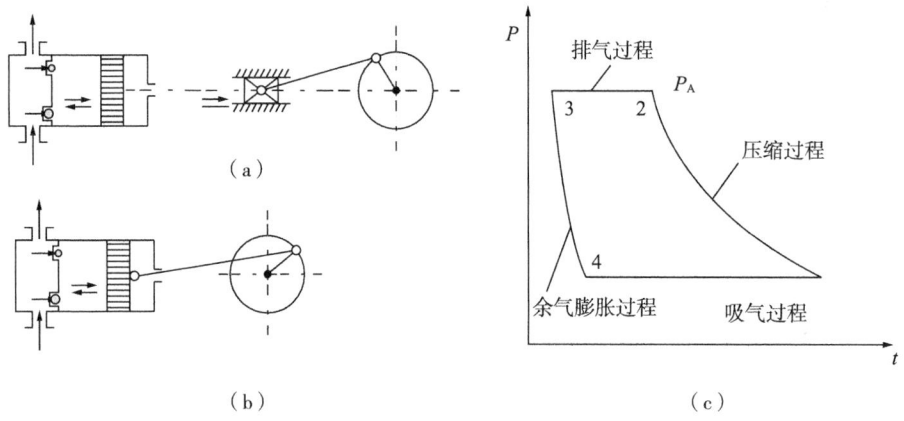

图 2-12 活塞式压缩机工作原理示意图

活塞式压缩机的压力范围十分广泛，其进气压力低至真空，排气压力高达 210MPa 以上。

当压缩机的排气量在 3～10m³/min 时，气缸的冷却一般采用风冷，活塞杆与曲轴直联，无十字头。当排气量在 10m³/min 以上时，大多为水冷，有十字头。往复式压缩机的气缸有单作用和双作用两种。单作用是只有气缸一端才有进气阀、排气阀，活塞往复一次，只能压缩一次气体（一次吸气、排气）。双作用则是指气缸两端都有进气阀、排气阀，活塞往返运动时，都可以压缩气体（两次吸气、排气）。活塞式压缩机可以制成单级或多级压缩。气缸通常采用有油润滑，必要时也可采用无油润滑气缸。

（三）压缩机工况调节

1. 直接调节转速

此种方法只适合小范围内地调整。排气量和轴功率随转速成比例增减，调节经济性较好，但受驱动机限制。

2. 改变余隙容积

通过改变余隙容积的大小来改变压缩机组的排气量增大余隙容积，使容积系数降低，降低排气量，功耗下降。

3. 拆、装气阀实现压缩缸单作用、双作用互改

（1）单作用：是指在压缩机一个工作循环中，只有缸头端或曲柄端参与对压缩介质（天然气）增压做功的工作方式。单作用往复式压缩缸如图 2-13 所示。

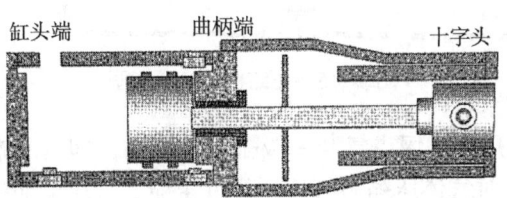

图 2-13　单作用往复式压缩机缸示意图

（2）双作用：是指在压缩机一个工作循环中曲柄端和缸头端都参与对压缩介质（天然气）增压做功的工作方式。双作用往复于压缩缸如图 2-14 所示。

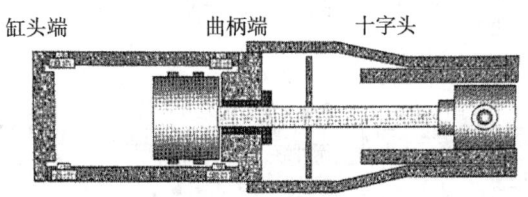

图 2-14　双作用往复式压缩机缸示意图

4. 改变压缩级数

此种方法改变机组的工况比较大（压缩缸之间并联或串联工作）。

（1）并联：是指压缩一缸、二缸进气相通且排气又相汇合，这种两缸首尾相连通，层层相会的连接方式，也就是指压缩一缸、二缸同时进气分别增

压后以同时排气的工作方式。此种工况适合用压比小于 3.5 的气体压缩。压缩机并联工况如图 2-15 所示。

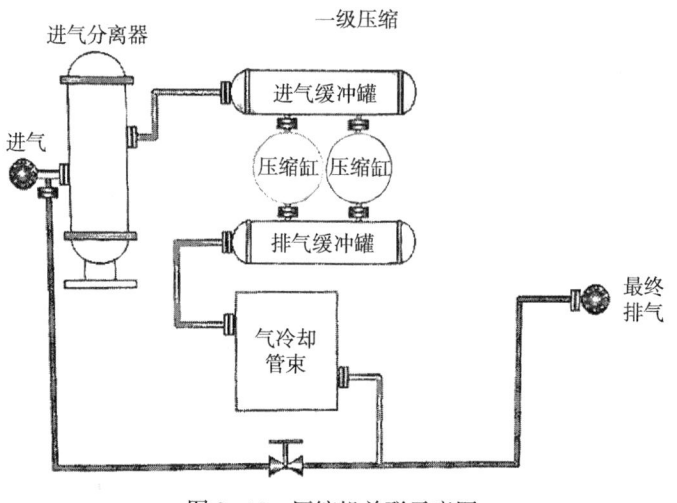

图 2-15　压缩机并联示意图

（2）串联：是指二级进气与一级排气相连通，即两压缩缸首尾相连的形式，也就是指一缸对气体压缩后气体再经过压缩二缸压缩而排气的工作方式。压缩机串联工况如图 2-16 所示。

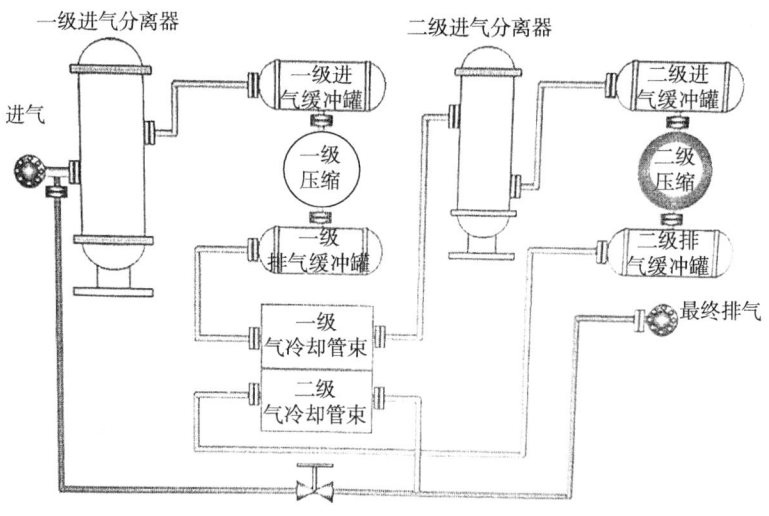

图 2-16　压缩机串联示意图

四、压缩机各项参数的影响因素

（一）排气量

压缩机排气量的影响因素主要包括气缸工作容积，同级缸个数以及压缩机的转速，余隙容积的大小，吸气终了的状态、温度以及泄漏量等。

（二）排气压力

一台已有压缩机其排气压力的高低并不取决于压缩机本身，而是由压缩机排气系统内的气体压力，即所谓背压决定的。而排气系统的气体压力，又取决于在该压力下压缩机所排入系统的气量与系统输走的气量是否平衡，若系统在某压力下气量供求平衡，则压缩机便检定在某压力下运行，若供过于求，系统内的气体质量不断提高，于是压缩机的排气压力就相应提高，这时若不采取调节措施，压力就将增至不允许程度；若供不应求，则系统内气体质量逐渐降低，于是压缩机排气压力就相应降低，直至新的压力下供求平衡为止。

（三）排气温度

用矿物油润滑的压缩机，排气温度过高会使润滑油黏性降低，使润滑中的轻馏分迅速挥发，造成"积炭"现象，严重的积炭将使运动件和气流的阻力增大，磨损加剧，失去密封作用，甚至造成爆炸事故。这类压缩机的排气温度应限制在 160～180℃范围以内。

（四）吸气温度

吸入温度通常是由流程确定的，但对多级压缩机，级间某级的吸气温度则由该级前的级间冷却效果来确定，且与吸入管道和吸气腔的传热情况有关。改善吸气部位的冷却情况，使气体在吸入过程避免加热和选择良好的中间冷却，对降低排气温度是有利的。

（五）压比

压比越大，排气温度越高，所以降低压比是工程上降低排气温度最有效的方法。当总压比一定时，采用较多的级数，固然能降低压比，但其经济性就需全面论证。降低吸气、排气过程的压力损失是降低实际压比的最佳途径。在多级压缩机中，若要降低某一级的排气温度，可增大这一级的余隙容积，使这一段的压力比下降，而把一部分压比分摊到前级中去。

要防止上述情况的发生，就必须对压缩机进行工况调节。随着气田开采时间推移，压力和气量都要降低；远距离输送气体时，会造成压力损失。因此压缩机用在集输上时运行的工况在不断变化,如果这种工况在很小的范围内变化,且在压缩机工作时的许可范围之内,可不进行调节。一旦工作工况超出压缩的许可范围,就必须对压缩机进行工况调节。另外若需输出的压力增高或降低时,也须进行工况调节。

五、常用压缩机特点

气田增压采气工艺所用压缩机主要有活塞式压缩机、螺杆压缩机。用得最多、效果最好的是活塞式压缩机,主要有整体式燃气压缩机机组、分体式燃气压缩机机组等。

(一)整体式燃气压缩机机组结构特点

主机主要包括:动力部分、机身部分和压缩部分。整体式压缩机结构如图2-17所示。

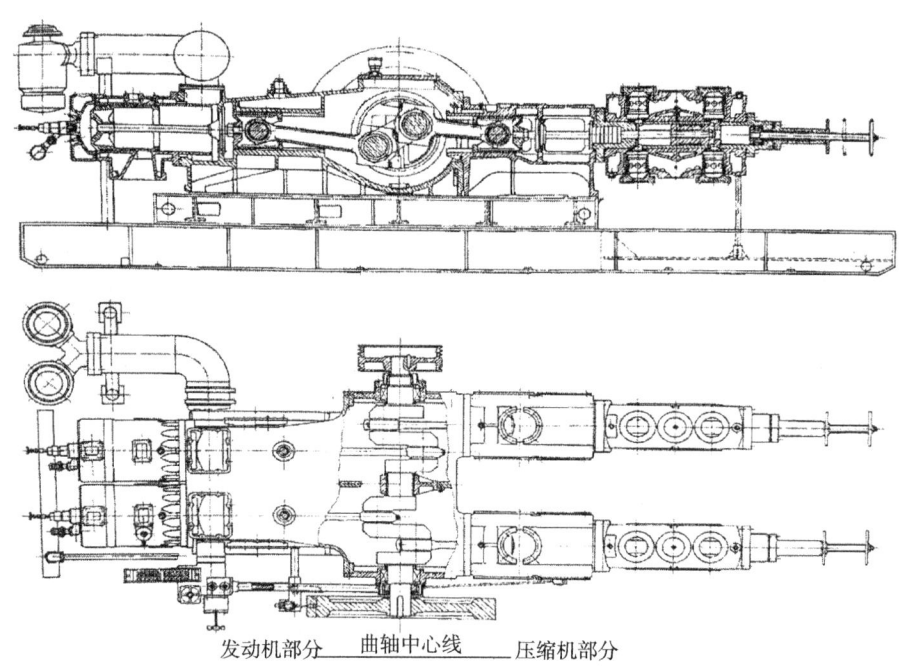

图2-17 整体式燃气压缩机组结构

机组的发动机和压缩机共用一个机身、一根曲轴,呈180°对称平衡布置,发动机和压缩机共同构成一个对称平衡结构。发动机的动力通过十字头和曲轴连杆机构传递给压缩机做功。曲轴两端分别安装皮带轮和飞轮，皮带轮用于驱动水泵和空气冷却器风扇，飞轮主要用于储能，以克服往复式发动机间隙做功的脉动，稳定机组转速和减小振动。在飞轮内侧的曲轴轴颈上装有一传动圆柱斜齿轮，用以驱动卧轴，通过卧轴上的齿轮驱动调速器、注油器、永磁交流发电机，通过卧轴上的凸轮驱动启动气分配阀、柱塞泵。发动机和压缩机及配套的燃料供给系统、冷却系统、润滑系统、点火系统等安装在机座上，构成一台整体式橇装机组。其仪表控制系统简单可靠。

它在工作时不需外电源、外水源，同时具备全天候工作特性。由于其结构紧凑、设计合理、运输、安装方便、适应范围非常广泛。

由于整体式燃气压缩机的发动机都采用二冲程发动机，其结构简单、易损零部件少，运行安全可靠，使用寿命长，但整体式燃气压缩机的转速较低（额定转速一般为 360~400r/min），同等功率下比分体式体积大，重量重。

（二）分体式燃气压缩机机组结构特点

分体式天然气压缩机组的发动机和压缩机各用一根曲轴，各用一个机身。发动机和压缩机通过弹性联轴器将两曲轴连接并安装在同一滑橇上，发动机的动力通过联轴器传递给压缩机做功。机组主要由天然气发动机、天然气压缩机、联轴器、冷却器、压缩机进气分离器、进气和排气缓冲罐、控制柜、消声器、膨胀水箱、补充油箱、油加热器、底座等组成。

它在工作时不需外电源、外水源，同时具备全天候工作特性。适应范围非常广泛。分体式燃气压缩机的转速较高（额定转速一般为 900~1800r/min），同等功率下比整体式体积小，重量轻。适用做成车载式压缩机。

由于分体式燃气压缩机的发动机都采用四冲程发动机，由于其为分体结构、安装要求高、其结构较复杂、易损零部件多，易损件寿命较短。

第三章
生产参数监测设备

第一节 生产参数录取

油气采出液处理过程中离不开温度、压力、流量等数据。流量是表示采出液处理生产过程中油量、水量的多少、瞬时量变化大小的参数。及时、正确录取油量、水量，根据录取数据进行生产调整，是平稳生产的根本保证；采出液处理温度变化直接影响油质、水质变化，温度过低影响采出液沉降脱水效果、污水滤罐过滤效果及反洗效果，同时，温度低还可能导致除油罐顶部污油凝结影响收油，最终造成污水处理过程中水质质量变差；温度过高易增加油气损耗；系统压力波动过大不仅降低设备使用寿命，而且容易发生安全事故，影响系统平稳运行。因此，温度、压力、流量等数据的录取，是油气采出液处理生产操作工必须掌握的一项重要工作技能。

一、温度测量仪表

（一）温度测量仪表的分类

温度是表征物体冷热程度的物理量，是集输生产中重要的参数之一。温度检测仪表按工作原理可分为膨胀式温度计、压力式温度计、热电阻温度计、热电偶温度计和便携式红外测温仪五类；按测量方式可分为接触式测温元件和非接触式测温元件两大类。接触式测温元件直接与被测介质接触，这样可以使被测介质与测量元件进行充分的热交换，而达到测温的目的；非接触测温元件与被测介质不相接触，通过辐射或对流实现热交换来达到测温的目的。

1. 膨胀式温度计

膨胀式温度计有液体膨胀式温度计和金属膨胀式温度计。常用液体膨胀式温度计有玻璃水银温度计和有机液体玻璃温度计。工业上限制使用玻璃水银温度计，多使用金属膨胀式温度计作为就地温度指示仪表。

2. 压力式温度计

压力式温度计的工作原理是利用封闭于小容器内的气体、液体或饱和蒸汽经热交换后，封闭容器内的工作介质的压力因温度的变化而变化，压力变化与温度之间存在一定比例关系。

3. 热电阻温度计

热电阻温度计是生产过程中常用的一种温度计，由热电阻感温元件、显示仪表和连接导线组成。热电阻温度计是利用金属导体的电阻值随着温度的变化而变化这一基本特性来测量温度的。

常用工业热电阻有以下几种：

（1）铂电阻。

（2）铜电阻。

（3）其他热电阻，如铟电阻、锰电阻、碳电阻以及合金电阻等。

4. 热电偶温度计

热电偶温度计是工业上最常用的温度检测元件之一，是将两种不同材料的导体或半导体 A 和 B 焊接起来，构成一个闭合回路，当导体 A 和 B 的两个接点之间存在温度差时，两者之间便产生电动势，因而在回路中形成一定大小的电流，这种现象称为热电效应。热电偶就是利用这一效应来工作的。

5. 便携式红外测温仪

便携式红外测温仪无须接触物体即可测量物体表面的温度。它接收所测目标辐射的红外波段能量，然后计算其表面温度，也可以计算出测量过程的平均温度、最高温度、最低温度和差值，并将其在显示屏上显示出来。

（1）测量仪的工作原理：便携式红外测温仪可测量不透明物体的表面温度。测温仪的光学装置能够感知集中在探测器上的红外能量。然后测温仪的电子元件可将信息转化为温度读数显示在显示屏上。

（2）测温仪的操作方式：手握数字式红外测温仪，对准被测温部位，使被测部位与测温仪离开一定距离满足视距要求即可，按动触发器，将红色光斑落在要测温部位，测温仪显示屏上显示的数字，就是当前的温度。测量温度时，将测温仪瞄准目标，拉起并保持扳机按下不动。松开扳机以保持温度读数。

（二）常用玻璃管水银温度计

1. 基本结构及工作原理

玻璃管液体温度计是利用液体体积随温度升高而膨胀的原理制作而成的。由于液体膨胀系数远比玻璃的膨胀系数大，因此当温度变化时，就引起工作液在玻璃管内体积的变化，从而表现出液柱高度的变化。若在玻璃管上直接刻度，即可读出被测介质的温度值。为了防止温度过高时液体胀裂玻璃管，在毛细管顶部须留有一膨胀室。

玻璃管水银温度计一般由温包、玻璃管、毛细管等部分组成,如图3-1所示。

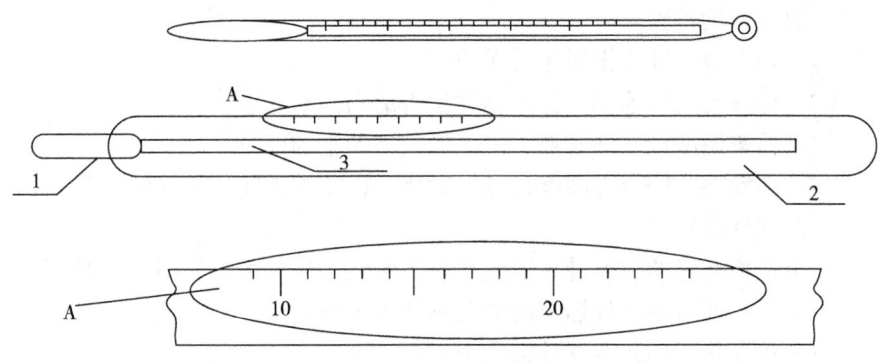

图3-1 液体膨胀式温度计
1—水银温包;2—玻璃管;3—毛细管;A—放大图

2. 温度录取

(1)温度计插入被测介质管道插孔后,要稳定3～5min即可读数。

(2)拇指和食指捏住温度计顶端,将温度计抽出至水银柱所在位置读数,不可将温度计全部抽出,以免造成误差。

(3)读数时,眼睛、刻度、水银柱凸面三点成一线读取刻度数,如图3-2所示,水银温度计应读凸面最高点温度,酒精温度计应读凹面最低点温度。

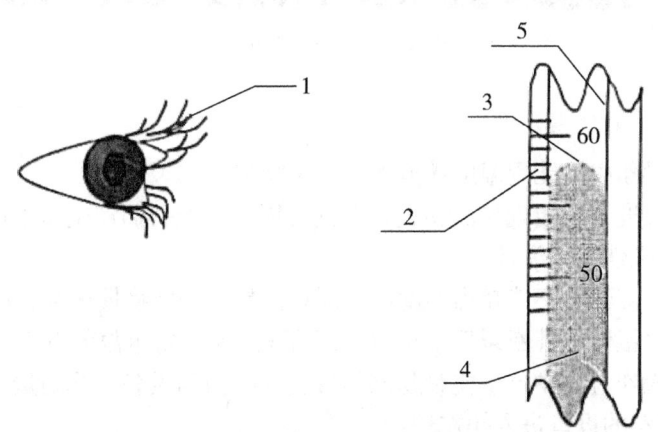

图3-2 三点一线图
1—眼睛;2—刻度;3—水银柱凸面;4—水银柱;5—毛细管壁

（4）读数时，看好刻度分度值，如果水银柱的位置在两个刻度中间，则需要估计出一个数值，误差在 ±0.5℃左右。

3. 温度计的相关技术要求

1）温度计的检验

（1）检查温度计水银温包有无破损。

（2）检查温度计毛细管标尺刻度是否清晰。

（3）检查温度计毛细管液体中应无气泡断空的地方。

（4）在室温下同标准温度计进行对比，误差不得超过 ±0.5℃。

2）温度计的安装

（1）把检查好的温度计在恒温状态下拿到工作现场，如图 3-3 所示。

（2）安装前将温度计插孔内的杂物清理干净。

（3）将导热油加入温度计插孔中。

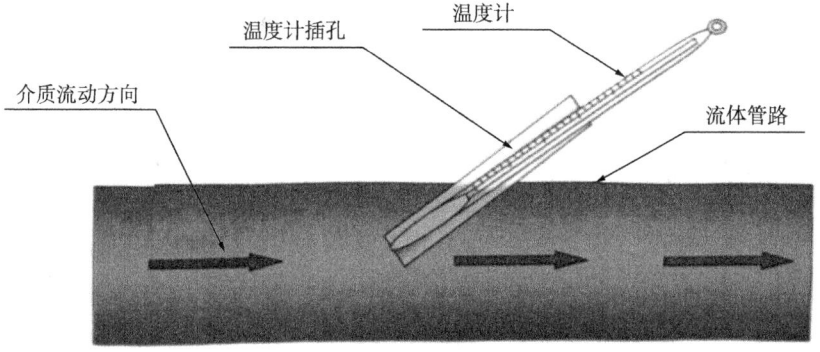

图 3-3　温度计的安装

4. 温度计的使用注意事项

（1）操作中不能用温度计搅拌，以免断裂。

（2）温度计应定期校验检查，否则会因零点位移而产生示数误差，影响温度计的准确性和可靠性。

（3）所测温度不能超出温度计的测量范围，否则将损坏温度计。

（4）水银温度计断裂后禁止使用，防止水银中毒事故的发生。

（5）操作过程中严禁携带易燃易爆物品、通信设备、非防爆手电等可以产生静电火花的设备进入操作现场。

（6）发生意外事故，立即停止操作，脱离危险源。如果伤情较重，立即汇报或直接拨打"120"急救电话送医院救治。

二、压力测量仪表

（一）压力测量仪表的分类

压力测量仪表根据精度等级可分为：一般压力表（精度为1级，1.5级，2.5级，4级）和精密压力表（精度为0.25级，0.4级，0.6级），如图3-4所示。

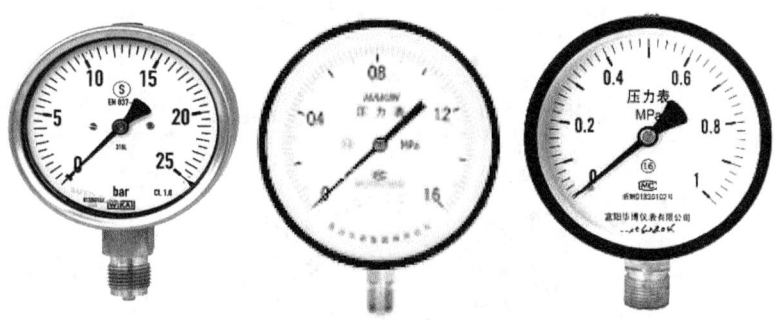

图3-4 压力表实物图

（二）压力表外壳直径的选择

（1）为了便于操作和定期检查校验，工艺管网和机泵一般安装外壳直径为100mm压力表。

（2）受压容器（加热炉、锅炉、缓冲罐、注水泵进出口管线等）及振动较大的部位，一般安装直径为100～150mm的压力表。

（3）控制仪表系统一般多采用直径为60mm的压力表。

（三）常用压力表的表盘结构

常用压力表由：弹簧管、齿轮传动机构、拉杆、表盘、指针、扇形齿轮、中心齿轮、游丝、连杆等组成，如图3-5、图3-6所示。

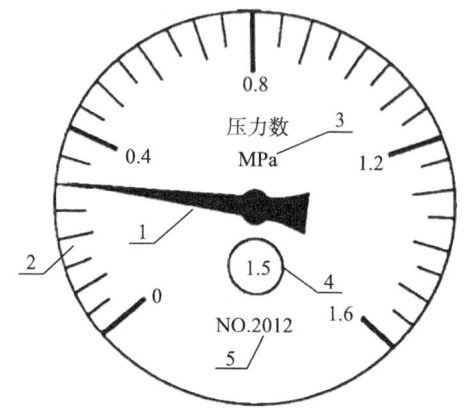

图 3-5　表盘结构图

1—表针；2—刻度；3—单位；4—精度等级；5—编号

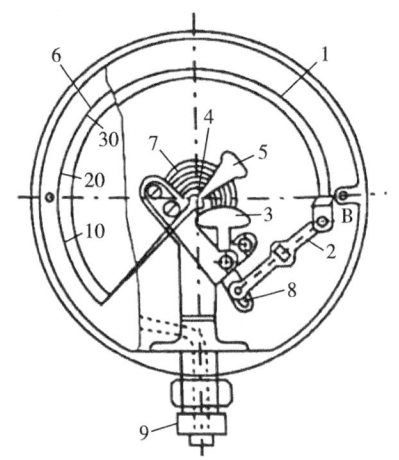

图 3-6　弹簧管压力表结构图

1—弹簧管；2—拉杆；3—杠杆扇形齿轮；4—中心齿轮；5—指针；6—刻度面板；7—游丝；8—调整螺钉；9—接头

（四）压力录取

（1）读取压力表值时，要面向压力表表盘，使眼睛、表针、表刻度三点成一条垂直的直线，读取压力表值，如图 3-7 所示。

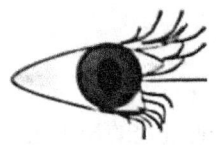 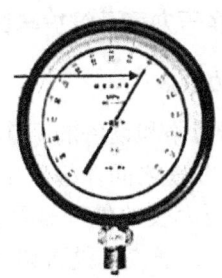

图 3-7 压力表值读取方法示意图

（2）读数时，看好刻度分度值，误差不超过压力表分度的 1/2 左右。

（3）如果指针摆动，应多读取最高和最低压力值，多读取几次，记录在记录纸上，计算后取平均值，确保结果准确。

（五）压力表的相关技术要求

1. 压力表的检验

（1）检查压力表表盘玻璃完好，刻度清晰。

（2）检查压力表指针指示零值。

（3）检查压力表铅封完好，无损坏，有检定合格的检定证书，并在检定周期内。

（4）检查压力表外壳完好。

2. 压力表的安装

（1）把检查好的压力表拿到工作现场，用手向右拧压力表接头下的引压阀，确认紧闭。

（2）清理表接头内的杂物，用通针清理传压孔，再用棉纱擦净。

（3）将准备安装的压力表顺时针缠上生料带 3～5 圈，或将压力表垫放入压力表接头中，放正。

（4）将压力表螺纹部分对准压力表接头，用一手扶住压力表外壳顶端，另一手握住压力表下端螺纹处，缓慢上扣，确认没有偏扣后加力，用活动扳手上紧上正，表盘面向便于观察压力值的位置。

（5）用手缓慢向左拧压力表控制阀，使压力表显示系统内当前压力值。

3. 压力表量程选择

根据现场实际工作介质的压力选择压力表的量程。现场实际工作压力应为压力表最大量程的 1/2～2/3 压力范围比较合适。

（六）更换压力表及维护与保养

1. 更换压力表

（1）根据管路和设备的工作压力选择合适量程的压力表，使工作压力在表量程的 1/2～2/3 之间。检查压力表铅封是否完好，压力表是否在 6 个月的检定周期内，压力表的量程是否合理，表针是否归零并有轻敲位移，压力表的螺纹是否完好，通气孔是否堵塞，各紧固螺钉是否松动。

（2）关闭引压阀，截断压力源。

（3）用活动扳手卡住压力表接头卸压力表，当压力表与表接头松动（此时表内压力开始有下降迹象）时，晃动压力表泄掉表内的余压，卸掉压力表。

（4）清除压力表螺栓上的残留密封胶带。

（5）给选择好的新压力表螺纹缠密封胶带：压力表连接螺纹上顺时针缠 4～5 圈密封胶带。

（6）使压力表与表接头对正，缓慢上扣，确认没有偏扣，上紧上正压力表。

（7）缓慢打开引压阀，当压力表指针起压时，仔细检查压力表接头有无渗漏，在确认无问题后，全开引压阀门并将手轮倒转 1/2～2/3 圈。

（8）记录压力表显示的压力值。

2. 压力表的维护与保养

（1）压力表经过一段时间使用和受压，内部机体出现一些变形和腐蚀，会产生各种误差，为保证原有精度和安全运行，必须进行检查，及时调整和修理。

（2）校对基本误差、来回差、零点以及指针偏转和轻敲位移等。

（3）检查各部件是否完好，符合技术要求。

（4）压力表的检定周期为半年。

（5）压力表检查和校对在压力表试验操作站进行。

（6）备用压力表必须按规格、量程大小分类摆放。

（7）选择合适量程的压力表。

（七）压力表的使用注意事项

（1）压力表在携带、使用过程中严禁振动或撞击。

（2）压力表应安装在便于观察、易于更换的地方；安装地点应避免振动和高温，要有足够的光线照明。

（3）振动较大的压力源要安装导压管或抗震压力表。

（4）不许用手扳压力表整体卸表，使用活动扳手时禁止推扳手以防伤手。

（5）压力表的最高测量范围值不得超过满量程的3/4，按负荷状态的通性来说，压力表的测量范围在满量程的1/3～2/3之间时，其稳定性和准确性最高。

（6）压力表下必须安装表接头。压力表装表接头的原因，一是压力表的螺纹和阀门的螺纹不一致，一个是公制扣，一个是英制扣；二是压力表的螺纹多是软质金属（铜），上卸的次数多容易损坏。

（7）操作过程中严禁携带易燃易爆物品、通信设备、非防爆手电等可以产生静电火花的设备进入操作现场。

（8）发生意外事故，立即停止操作，脱离危险源。如果伤情较重，立即汇报或直接拨打"120"急救电话送医院救治。

三、流量测量仪表

（一）流量测量仪表的分类

流量计按结构形式可分为齿轮流量计、超声波流量计、涡街流量计、孔板流量计、差压流量计、电磁流量计、容积流量计、热式流量计等，如图3-8所示。流量计按测量介质分类：液体流量计和气体流量计。

图3-8　流量计实物图

油气田水处理常用的流量测量仪表为电磁流量计。电磁流量计的结构主要由磁路系统、测量导管、电极、外壳、衬里和转换器等部分组成。

（1）磁路系统：其作用是产生均匀的直流或交流磁场。直流磁路用永久磁铁来实现，其优点是结构比较简单，受交流磁场的干扰较小，但它易使通过测量导管内的电解质液体极化，使正电极被负离子包围，负电极被正离子包围，即电极的极化现象，并导致两电极之间内阻增大，因而严重影响仪表正常工作。当管道直径较大时，永久磁铁相应也很大，笨重且不经济，所以电磁流量计一般采用交变磁场，且是 50Hz 工频电源激励产生的。

（2）测量导管：其作用是让被测导电性液体通过。为了使磁力线通过测量导管时磁通量被分流或短路，测量导管必须采用不导磁、低导电率、低导热率和具有一定机械强度的材料制成，可选用不导磁的不锈钢、玻璃钢、高强度塑料、铝等。

（3）电极：其作用是引出和被测量成正比的感应电势信号。电极一般用非导磁的不锈钢制成，且被要求与衬里齐平，以便流体通过时不受阻碍。它的安装位置宜在管道的垂直方向，以防止沉淀物堆积在其上面而影响测量精度。

（4）外壳：应用铁磁材料制成，是分配制度励磁线圈的外罩，并隔离外磁场的干扰。

（5）衬里：在测量导管的内侧及法兰密封面上，有一层完整的电绝缘衬里。它直接接触被测液体，其作用是增加测量导管的耐腐蚀性，防止感应电势被金属测量导管管壁短路。衬里材料多为耐腐蚀、耐高温、耐磨的聚四氟乙烯塑料、陶瓷等。

（6）转换器：液体流动产生的感应电势信号十分微弱，受各种干扰因素的影响很大，转换器的作用就是将感应电势信号放大并转换成统一的标准信号并抑制主要的干扰信号，其任务是把电极检测到的感应电势信号经放大转换成统一的标准直流信号。

（二）流量录取

电磁流量计有两个运行状态：自动测量状态和参数设置状态。

仪表通电时，自动进入测量状态。在自动测量状态下，电磁流量计自动完成各测量功能并显示相应的测量数据。在通常情况下，直接读取仪表显示数值即可。在记录纸上记录水表瞬时流量和累计流量。

在参数设置状态下，操作者使用四个面板键，完成仪表参数设置。

1. 自动测量状态下键功能

下键：循环选择屏幕下行显示内容；

上键：循环选择屏幕上行显示内容；

复合键＋确认键：进入参数设置状态；

确认键：返回自动测量状态。

测量状态下，LCD 显示器对比度的调节：小液晶是通过"复合键＋上键"或"复合键＋下键"按数秒钟；大液晶是通过调节大液晶背面的电位器来实现。

2. 参数设置状态下键功能

下键：光标处数字减 1；

上键：光标处数字加 1；

复合键＋下键：光标左移；

复合键＋上键：光标右移；

确认键：进入/退出子菜单；

确认键：在任意状态下，连续按下两秒钟，返回自动测量状态。

注意：（1）使用"复合键"时，应先按下复合键再同时按住"上键"或"下键"。（2）在参数设置状态下，3min 内没有按键操作，仪表自动返回测量状态。（3）流量零点修正的流向选择，可将光标移至最左面的"＋"或"－"用"上键"或"下键"切换使之与实际流向相反。（4）流量的单位选择，可将光标移至"流量量程设置"菜单的原显示的流量单位下，然后用"上键"或"下键"切换使之符合需要。

3. 参数设置功能键操作

要进行电磁流量计参数设定或修改，必须使流量计从测量状态进入参数设置状态。在测量状态下，按"复合键＋确认键"出现状态转换密码（0000），根据保密级别，按厂家提供的密码对应修改。再按"复合键＋确认键"后，则进入需要的参数设置状态。

（三）流量计的使用与维护

仅需对仪表作周期性直观检查，检查仪表周围环境，扫除尘垢，确保不进水和其他物质，检查接线是否良好，检查仪表附近有否新装强电磁场设备或有新装电线横跨仪表。若是测量介质容易沾污电极或在测量管壁内沉淀、结垢、应定期做清垢、清洗。

（四）流量计的使用注意事项

（1）精度等级和功能根据测量要求和使用场合选择仪表精度等级，做到经济合算。比如用于产品交接和能源计量的场合，应该选择精度等级高些的流量计，如1.0级、0.5级，或者更高等级；用于过程控制的场合，根据控制要求选择不同精度等级；有些仅仅是检测一下过程流量，无须做精确控制和计量的场合，可以选择精度等级稍低的流量计，如1.5级、2.5级，甚至4.0级，这时可以选用价格低廉的插入式电磁流量计。

（2）测量介质流速、仪表量程与口径测量一般的介质时，电磁流量计的满度流量可以在测量介质流速0.5～12m/s范围内选用，范围比较宽。选择仪表规格（口径）不一定与工艺管道相同，应视测量流量范围是否在流速范围内确定，即当管道流速偏低，不能满足流量仪表要求时或者在此流速下测量准确度不能保证时，需要缩小仪表口径，从而提高管内流速，得到满意测量结果。

（3）尽量避开铁磁性物体及具有强电磁场的设备，以免磁场影响传感器的工作磁场和流量信号。

（4）应尽量安装在干燥通风之处，避免日晒雨淋，环境温度应在−20～+60℃，相对湿度小于85%。

（5）流量计周围应有充裕的空间，便于检测与维修。

（五）常见故障检查

流量计开始投运或正常投运一段时间后发现仪表工作不正常，应首先检查流量计外部情况，如电源是否良好、管道是否泄漏或处于非满管状态、管道内是否有气泡、信号电缆是否损坏、转换器输出信号（即后位仪表输入回路）是否开路。切忌盲目拆修流量计。

1. 传感器检查

（1）在管道充满介质的情况下，用万用表测量接线端子A、B与C之间的电阻值，A-C、B-C之间的阻值应大致相等。若差异在1倍以上，可能是电极出现渗漏、测量管外壁或接线盒内有冷凝水吸附。

（2）在衬里干燥情况下，用兆欧表测A-C、B-C之间的绝缘电阻（应大于200MΩ）。再用万用表测量端子A、B与测量管内两只电极的电阻（应呈短路连通状态）。若绝缘电阻很小，说明电极渗漏，应将整套流量计返厂维修。若绝缘有所下降但仍有50MΩ以上且步骤（1）的检查结果正常，则可能是测量管外壁受潮，可用热风机对外壳内部进行烘干。

（3）用万用表测量 X、Y 之间的电阻，若超过 200Ω，则励磁线圈及其引出线可能开路或接触不良。拆下端子板检查。

（4）检查 X、Y 与 C 之间的绝缘电阻，应在 200MΩ 以上，若有所下降，用热风对外壳内部进行烘干处理。实际运行时，线圈绝缘性下降将导致测量误差增大、仪表输出信号不稳定。

（5）如判定传感器有故障，一般现场无法解决，需到厂家维修。

2. 转换器检查

如判定是转换器故障，经检查外部没问题的情况下，采取更换线路板的方式解决。

3. 电极的维护

（1）在使用电磁流量计之前，要先用标准的 pH 值溶液来标定电磁流量计。标定之后在操作之前，一定要注意先用蒸馏水把电磁流量计的电极清洗一遍，然后用测液再一次清洗电极。

（2）如果不使用电磁流量计，取下电磁流量计电极的时候，要注意不要让电极的触感器与硬物碰撞，避免出现损伤影响电极的使用。

（3）使用电磁流量计结束之后，要把电磁流量计的电极套上，里面少放一些饱和溶液，保证电极的球泡是湿润的，但是切忌放在蒸馏水中浸泡。

（4）平常要注意电极保持干净，不要让它的两边输出出现短路的情况，不然会使得测量不准确，影响电磁流量计的使用。

（六）常见故障分析与处理

1. 调试期故障

调试期故障一般出现在仪表安装调试阶段，一经排除，在以后相同条件下不会再出现。常见的调试期故障通常由安装不妥、环境干扰以及流体特性影响等原因引起。

1）安装方面

通常是电磁流量传感器安装位置不正确引起的故障，常见的如将传感器安装在易积聚气体的管系最高点；或安装在自上而下的垂直管上，可能出现排空；或传感器后无背压，流体直接排入大气而形成测量管内非满管。

2）环境方面

通常主要是管道杂散电流干扰、空间强电磁波干扰、大型电机磁场干扰等。管道杂散电流干扰通常采取良好的单独接地保护就可获得满意结果，但如遇到强大的杂散电流（如电解车间管道，有时在两电极上感应的交流电势峰值 Vpp 可高达 1V），尚需采取另外措施和流量传感器与管道绝缘等。空间电磁波干扰一般经信号电缆引入，通常采用单层或多层屏蔽予以保护。

3）流体方面

被测液体中含有均匀分布的微小气泡通常不影响电磁流量计的正常工作，但随着气泡的增大，仪表输出信号会出现波动，若气泡大到足以遮盖整个电极表面时，随着气泡流过电极会使电极回路瞬间断路而使输出信号出现更大的波动。

低频方波励磁的电磁流量计测量固体含量过多浆液时，也将产生浆液噪声，使输出信号产生波动。

测量混合介质时，如果在混合未均匀前就进行测量，也将使输出信号产生波动。

电极材料与被测介质选配不当，也将由于化学作用或极化现象而影响正常测量。应根据仪表选用或有关手册正确选配电极材料。

2. 运行期故障

运行期故障是电磁流量计经调试并正常运行一段时期后出现的故障，常见的运行期故障基本由流量传感器内壁附着层、雷电打击和环境条件变化等因素引起。

1）传感器内壁附着层

由于电磁流量计常用来测量脏污流体，运行一段时间后，常会在传感器内壁积聚附着层而产生故障。这些故障往往是由于附着层的电导率太大或太小造成的。若附着物为绝缘层，则电极回路将出现断路，仪表不能正常工作；若附着层电导率显著高于流体电导率，则电极回路将出现短路，仪表也不能正常工作。所以，应及时清除电磁流量计测量管内的附着结垢层。

2）雷电打击

雷击容易在仪表线路中感应出高电压和浪涌电流，使仪表损坏。它主要通过电源线或者励磁线圈或者传感器与转换器之间的流量信号线等相关途径引入，尤其是从控制室电源线引入占绝大部分。

3）环境条件变化

在调试期间由于环境条件尚好（例如没有干扰源），流量计工作正常，此时往往容易疏忽安装条件（例如接地不良）。在这种情况下，一旦环境条件变化，运行期间出现新的干扰源（如在流量计附近管道上进行电焊，附近安装大型变压器等），就会干扰仪表的正常工作，流量计的输出信号就会出现波动。

3. 典型故障诊断及处理

（1）无流量输出。检查电源部分是否存在故障，测试电源电压是否正常；测试熔断丝通断；检查传感器箭头是否与流体流向一致，如不一致调换传感器安装方向；检查传感器是否充满流体，如没有充满流体，更换管道或垂直安装。

（2）信号越来越小或突然下降。测试两电极间绝缘是否破坏或被短路，两电极间电阻值正常在 $70 \sim 100\Omega$ 之间；测量管内壁可能沉积污垢，应清洗和擦拭电极，切勿划伤内衬；测量管衬里是否破坏，如破坏应予以更换。

（3）零点不稳定，检查介质是否充满测量管及介质中是否存在气泡，如有气泡可在上游加装消气器，如水平安装可改成垂直安装；检查仪表接地是否完好，如不好，应进行三级接地（接地电阻 $\leqslant 100\Omega$）；检查介质电导率应不小于 $5\mu s/cm$；检查介质是否淤积于测量管中，清除时注意不要将内衬划伤。

（4）流量指示值与实际值不符。检查传感器中的流体是否充满管，有无气泡，如有气泡可在上游加装消气器；检查各接地情况是否良好；检查流量计上游是否有阀，如有，移至下游或使之全开；检查转换器量程设定是否正确，如不对，重新设定正确量程。

（5）示值在某一区间波动。检查环境条件是否发生变化，如出现新干扰源及其他影响仪表正常工作的磁源或振动等，应及时清除干扰或将流量计移位；检查测试信号电缆，用绝缘胶带进行端部处理，使导线、内屏蔽层、外屏蔽层、壳体之间不相互接触。

选用电磁流量计测量流量的流体必须是导电的，因此不导电的气体、蒸汽、油类、丙酮等物质不能选用电磁流量计测量流量。

第二节 污水指标测定

一、污水含油量的测定

(一) 水中含油量的测定方法

1. 概念

含油量：在酸性条件下，单位体积水中含有可以被石油醚萃取出的石油类物质的量。

标准油：本书所提到的标准油是指与被测水样含有相同油质的原油或被测水样中的油被溶剂萃取后，在规定温度下，经蒸发、烘干、恒重后所得到的组分。

吸光系数 K：浓度吸光度标准曲线的斜率。

2. 原理

水中油质可以被石油醚等有机溶剂提取，提取液的颜色深浅与含油量呈线性关系，将萃取液在分光光度计上进行比色，测得吸光度（或浓度），通过计算得到油田采出水中的含油量。

3. 试剂和材料

（1）120# 无铅溶剂汽油（以下简称汽油。当溶剂汽油有颜色时，可用重蒸馏方法去掉颜色）或石油醚（沸程 60~90℃）。

（2）无水硫酸钠：使用前在 300~350℃烘 1h，在干燥器中冷却后装瓶备用。

（3）1∶1 盐酸：将一定体积的分析纯盐酸加入等体积的蒸馏水中。

4. 仪器和设备

测定含油量所需仪器：分光光度计（波长在 380~720nm 可见光范围，配有光程为 1cm 的玻璃比色皿）、电热恒温水浴锅、振荡器、电热恒温干燥箱、电子天平、具塞刻度比色管、移液管、量筒、容量瓶、分液漏斗、细口瓶。

5. 标准油的制备

取适量的油样于烧杯中，用石油醚溶解后，加入制备的无水硫酸钠，边加入边搅拌,直到无水硫酸钠不再结块为止。放置2h,使之充分脱水。

将脱水后的油样,用预先以石油醚洗涤过的定性滤纸过滤,收集滤液于已烘干的蒸馏瓶中。将蒸馏瓶置于80℃水浴中,连接冷凝管及回流冷却水,蒸出石油醚。之后将油样转移到烘干至恒重的称量瓶中。将称量瓶置于80℃恒温干燥箱内烘干至恒重,即制得标准油。

6. 配制标准油使用液

准确称取标准油1000.0mg,加入少量溶剂油,溶解后转入1000mL容量瓶内,用溶剂油稀释、摇匀,此溶液含油浓度为1.0mg/mL。

7. 选择仪器波长

仪器在使用前应用标准油使用液进行校准,波长为430nm。

8. 绘制标准曲线

取10个100mL洗净烘干的容量瓶,用移液管分别移取标准油使用液0.00mL、0.50mL、1.00mL、1.50mL、2.00mL、2.50mL、5.00mL、10.00mL、15.00mL、20.00mL、25.00mL、50.00mL于容量瓶中,用溶剂稀释,此标准系列的浓度分别是0.00mg/L、5.00mg/L、10.00mg/L、20.00mg/L、50.00mg/L、100.00mg/L、150.00mg/L、200.00mg/L、250.00mg/L、500.00mg/L。在分光光度计上分别测其吸光度,然后以浓度(mg/L)为横坐标,吸光度为纵坐标,绘制浓度(mg/L)—吸光度标准曲线。

9. 求吸光系数K值

按仪器说明书的操作步骤,输入标准系列的浓度及其测得相对应的吸光度值,根据回归曲线求得吸光系数K值。回归曲线强制归零,回归曲线的线性度R_2应大于0.99,否则需要重新配置标准系列。

10. 精密度

按下述规定判断试验结果的可靠性(95%置信水平)。

11. 重复性

同一操作者,在同一实验室使用同一台仪器,按方法规定的步骤在连续时间里对同一试样进行重复测定,所得结果之差应不超过表3-1数值。

12. 再现性

不同操作者,在不同实验室,使用同类型的仪器按方法规定的步骤对同一试样进行测定,所得结果之差应不超过表3-1数值。

表 3-1 测量数值范围

污水中含油量范围,mg/L	≤10	10 以上
重复性	0.4	1.3
再现性	—	3.6

(二)可见分光光度计的工作原理与使用要求

1. 可见分光光度计的工作原理

物质在光的激发下,其原子和分子所含能量会以多种方式与光相互作用,产生对光的吸收效应。而物质对光的吸收具有选择性,各种不同的物质有各自的吸收光谱,因此当某单色光通过溶液时,其能量就会被吸收而减弱,光能量减弱的程度和物质的浓度有一定的比例关系,也符合比色原理—比耳定律。

分光光度计采用一个可以产生多个波长的光源,通过一系列分光装置,从而产生特定波长的光源,光源透过测试的样品后,部分光源被吸收,计算样品的吸光值,从而转化为样品的浓度。样品的吸光值和样品的浓度成正比。

2. 可见分光光度计的使用要求

分光光度计是光学、精密机械和电子技术三者紧密结合而成的光谱仪器。正确安装、使用和保养对保持仪器良好的性能和保证测试的准确度有重要作用。

室内温度宜保持在 15~28℃,相对湿度控制在 45%~65%,不超过 70%,防尘、防震、防电磁干扰。仪器周围不应有强磁场,应远离电场及发生高频波的电器设备。应防止腐蚀性气体 SO_2、NO_2 以及酸雾等侵蚀仪器部件。应与化学操作室隔开。当测量具有挥发性或腐蚀性样品溶液时,吸收池加盖。

在不使用时不要开光源灯,如灯泡发黑(钨灯),亮度明显减弱或不稳定,应及时更换新灯,更换后要调节灯丝位置,不要直接用手接触灯泡或窗口。单色器一般不宜拆开,要经常更换单色器盒的干燥剂,防止色散元件受潮生霉。吸收池在使用后应立即洗净,为防止其他化学窗面被擦伤,必须用擦镜纸和其他柔软的棉质物去擦水分,生物样品胶体或其他在池窗上形成薄膜的物质要用适当的溶剂洗涤,有色物质污染要用 3moL/L 的 HCl 和等体积的乙醇混合液洗涤。光电器件应避免强光照射和受潮积尘。仪器的工作电源一般允许在 220V±10% 的电压波动,为保持光源灯和检测系统的稳定性,在光源电压波动较大的实验室需配备稳压器。

用分光光度计测定油田含油污水,所用的 120# 溶剂油必须无色透明,有颜色必须蒸馏后再用;分光光度计属于精密光感仪器,使用中必须避免强光照射；所用比色皿必须定期清洗。

（三）UV-1240型分光光度计的主要部件

UV-1240型分光光度计是油田生产单位化验室常见的定量分析仪器，可以定量测量油田污水中杂质含量、含油量及地层水矿化度等重要指标。

分光光度计的部件包括光源、单色器、吸收池、检测器及测量系统等。光源由两个部分组成，在可见光部分常用钨丝灯为光源，波长范围约为320～2500nm；在紫外光区常用氢灯和氘灯为光源，波长范围为200～375nm，氘灯的辐射强度一般高于氢灯。

单色器是将光源发射复合光分解为单色光的光学装置，一般分为五部分：入光狭缝；准光器；色散器；投影器；出光狭缝。

吸收池是盛放样品溶液的容器，它具有两个互相平行且具有准确厚度的平面。

检测器是一种光电转换设备，将光强度转变为电信号显示出来。

测量系统包括放大器和结果显示装置。

（四）UV-1240型分光光度计的使用

1. 开机初始化

打开仪器电源开关，仪器自检。发出两声蜂鸣声，自检完成，出现方式菜单，此时仪器进入工作状态。

2. 光路检查

（1）在方式菜单下，按数字键1选择光度值，按GOTOWL键，输入波长350nm，输错时用CE键清除，重新输入正确的数值，然后按ENTER键确定，屏幕上显示波长530nm。

（2）打开样品盒盖，将滤纸竖立于样品盒左部，滤纸右侧出现一绿色小方块，检查绿色小方块是否全部落在滤纸上，若未全部通过，调整样品盒位置使其完全通过，拿出滤纸，关盖。

3. 选项操作

（1）按RETURN键返回到方式菜单，屏幕下方显示选项，选择参数项对应下方的F1键，按F1键；选择设置项对应下方的F2键，按F2键；测定悬浮固体含量按数字键1（测定含油量按数字键2，测定铁含量按数字键3）。

（2）按ENTER键，屏幕下方显示选项，选择样品测定项对应下方的F3键，按F3键。

4.仪器和设备

用空白溶液润洗比色皿三次,倒入空白溶液至比色皿内 2/3 处,擦拭干净后,将比色皿放入样品盒,关盖,按 AUTO ZERO 键,屏幕右上角出现 0.000A,取出比色皿,倒出空白样。

5.样品测定

(1)用样品溶液润洗比色皿三次,然后倒入样品溶液至比色皿 2/3 处,擦拭干净后,将比色皿放入样品盒,关盖后稳定 30s,按 STAR/STOP 键进行测定,读取测定值 C。

(2)将测试数据填写在化验报告单上。

6.关机

关闭仪器电源开关。

7.分光光度计的检定

为保证测试结果的准确可靠,新制造、使用中、修理后的分光光度计都应定期进行检定。国家市场监督管理总局批准颁布了各类分光光度计的检定规程,检定周期一般为 1 年。在此期间,仪器经修理或对测量结果有怀疑时,应及时进行检定。

(五)测定污水含油量操作

1.准备工作

(1)正确穿戴好防静电工服及工鞋,戴好安全帽及劳保手套。
(2)准备工具、用具,见表 3-2。

表 3-2 测定污水含油量工具、用具表

序号	工具、用具名称	规格	数量	序号	工具、用具名称	规格	数量
1	分光光度计	UV1240	1台	10	玻璃棒		1支
2	电子天平	精密度 0.1g	1台	11	滤纸		若干
3	具塞比色管	100mL	10支	12	污水桶	5L	1只
4	比色管架		1个	13	记录纸		若干
5	分液漏斗	500mL	1个	14	记录笔		若干
6	量筒	100mL	1个	15	擦机布		若干
7	吸量管	5mL	2支	16	溶剂油	120#	适量
8	比色皿	1cm	1支	17	盐酸溶液	1:1	100mL
9	吸耳球		1个				

2. 操作前准备

（1）检查化验器具是否齐全、完好、清洁。

（2）检查并预热分光光度计、电子天平。

（3）启运强制排风设备。

3. 操作步骤

（1）将一定体积的溶剂汽油加入水样中，盖好瓶盖，充分振荡，使吸附在瓶壁上的油质全部溶解后，将水样和溶剂汽油全部转移到量筒中，记录总体积。减去已加入的溶剂汽油体积即得到水样的体积 V。

（2）将已量取体积的水样连同溶剂汽油转入分液漏斗中，加入 1：1 盐酸调至 pH 值小于 2。用一定量溶剂汽油清洗取样瓶，将溶液全部转入分液漏斗中。

（3）充分振荡分液漏斗并不断放气；聚驱水样应将分液漏斗固定在振荡器上振荡 3～5min。待水样中油质全部溶解后，将分液漏斗放回漏斗架，使之静置分层。聚驱水样需要放置 30min 以上，将水层转入取样瓶，萃取液转入具塞刻度比色管中。

（4）再次将水样转入分液漏斗中，加入适量的溶剂汽油，重复（3）操作，直至萃取液无色为止。收集全部萃取液于具塞比色管中并记录加入溶剂汽油的总体积 V。

（5）将被测水样的萃取液装入玻璃比色皿中，用溶剂汽油做空白溶液在分光光度计上测其吸光度 E 或浓度 C，波长为 430mm，若萃取液颜色较深，用溶剂汽油稀释若干倍后进行比色，如果萃取液浑浊，可加入无水硫酸钠到不结块为止，加盖后放置 30min 以上，以便脱水。

（6）计算公式。

当仪器测得的参数是吸光度 E 时，油田采出水中含油量按式（3-1）计算。

$$C = \frac{EV_0 n}{KV_W} \tag{3-1}$$

式中　C——被测水样的含油量，mg/L；

　　　E——被测水样的吸光度；

　　　V_0——萃取液总体积，mL；

　　　V_W——被测水样的体积，mL；

　　　K——吸光系数，L/mg；

n ——稀释倍数。

当仪器测得的参数是浓度 C 时，可利用式（3-2）计算含油量。

$$C = \frac{C_0 V_0 n}{V_W} \quad (3-2)$$

式中 C_0 ——从仪器上读出的浓度，mg/L。

（7）报告。

将同一水样的萃取液，进行三次测定，取算术平均值作为该水样的测定结果。原始记录见表 3-3。

表 3-3 采出水中含油量测定原始记录

取样地点	取样时间	检验时间	样品名称	水样体积 V_W，mL	萃取液体积 V_0，mL	稀释倍数 n	吸光系数 K，L/mg	检验结果 C，mg/L	平均值 mg/L

检验人： 校对人：

（六）操作后检查

（1）检查电源是否关闭。

（2）分光光度计样品池内有无杂物。

（3）仪器用具是否清洗干净。

二、测定污水中悬浮固体含量

（一）原理

水样中悬浮物颗粒对可见光有反射和散射作用，悬浮固体含量与其对可见光反射和散射产生的吸收成正比。利用此原理，采用蒸馏水做标准的零点，选取悬浮固体含量在 100～200mg/L 的样品，采用 SY/T 5329—2022《碎屑岩油藏注水水质指标技术要求及分析方法》中的 5.2 对样品的悬浮固体含量定值，以此样品作为标样配制标样系列，选用 680nm 波长，做工作曲线，以工作曲线为依据，完成样品测定。

（二）试剂和材料

1. 试剂

（1）石油醚（沸程范围 90～120℃）。

（2）蒸馏水（三级）。

（3）无铅汽油。

2. 材料

（1）薄膜，孔径 0.45μm。

（2）量筒，500mL、1000mL。

（3）比色管，50mL。

（4）比色皿，1cm、3cm。

（5）细口瓶，1L。

（6）烧杯，250mL。

（7）分液漏斗，250mL、500mL。

（三）装置

（1）电子天平，0.1mg 感量。

（2）恒温烘箱，室温至 150℃。

（3）可见分光光度计。

（四）样品制备

取约 100mL 水样于烧杯中，冷却至室温后，将其倒入分液漏斗中，加 50mL 石油醚（沸程范围：90～120℃），充分振摇 3～5min，静置 10min 后，放分液漏斗下层的水到烧杯中，以备用做样品的比色测定。

（五）工作曲线参数的测定

1. 标样的制备

（1）用细口瓶选取现场水样约 1L，处理成备用样品。

（2）将备用样品在细口瓶中混匀后，用 500mL 量筒量取 300～500mL 体积的备用样品，记录样品体积。此样品悬浮固体含量值即为试验用的标样的悬浮固体含量值，此备用样品即为标样。

2. 标样系列配制

取 25mL 标样倒入 50mL 比色管中，加蒸馏水到 50mL，混匀，得到比原备用标样低一倍的第二个标样，依次取前一标样 25mL 倒入另一 50mL 比色管中，用蒸馏水稀释至 50mL，这样便得到四个浓度相差一倍的标样系列，以备绘制工作曲线。

（六）工作曲线绘制

选取 680nm 做测定波长，用蒸馏水作为空白，按仪器的曲线绘制程序进行操作,分别测定配制的四个不同浓度标样,得出工作曲线的主要参数,包括斜率、截距、线性系数、最大吸光度,供日常样品分析用。

(七)污水悬浮物测定操作

1. 准备工作

(1)正确穿戴好防静电工服及工鞋,戴好安全帽及劳保手套。

(2)准备工具、用具,见表3-4。

表3-4 测定污水中悬浮固体含量工具、用具表

序号	工具、用具名称	规格	数量	序号	工具、用具名称	规格	数量
1	分光光度计	UV1240	1台	8	污水桶	5L	1只
2	比色管	100mL	10支	9	记录纸		若干
3	比色管架		1个	10	记录笔		若干
4	分液漏斗	500mL	1个	11	擦布		若干
5	量筒	100mL	1个	12	蒸馏水		适量
6	烧杯	250mL	10支	13	溶剂油	120#	适量
7	比色皿	3cm	10支				

2. 操作前准备

(1)检查化验器具是否齐全、完好、清洁。

(2)预热分光光度计30min,仪器稳定。

(3)启运强制排风设备。

(4)样品如果水质均匀、不含浮油也无大量颗粒沉降可以直接测定,否则需经过萃取除油才可测定。

3. 操作步骤

(1)萃取样品。

①混匀样品后取约100mL水样于烧杯中;

②冷却至室温后,倒入分液漏斗中;

③加50mL溶剂油,充分振摇3~5min,静止10min;

④静止后放出分液漏斗下层的水和悬浮层到样品瓶中;

⑤收集水层,再将样品瓶中的收集液倒入分液漏斗中,重复上面的步骤,直至油层无色或淡黄色;

⑥最后收集水层至烧杯中待测。

(2) 将分光光度计的使用波长调整到 680nm。

(3) 按仪器操作程序将工作曲线参数斜率、截距、线性系数、最大吸光度值输入仪器，仪器自动建立工作曲线。

(4) 往比色皿中倒入蒸馏水，倒入的量约占比色皿的 2/3。

(5) 将比色皿放入仪器的比色皿槽中，并使比色皿所在的位置处于光路中，用蒸馏水做空白。

(6) 合上仪器样品室盖，按仪器的 100% 键，校正仪器的基点。

(7) 开仪器样品室盖，按仪器 0% 键，扣除仪器的暗电流。

(8) 倒掉比色皿中的蒸馏水，用待测样品冲洗比色皿 2～3 次。

(9) 将待测样品装至比色皿的 2/3 处，上机测定，稳定 30s 后读数，记录 C_0。

(10) 如果 C_0 超过仪器量程，用蒸馏水稀释 10 倍后再上机测定，根据需要进行重复稀释，记录稀释倍数 R。

(11) 悬浮固体含量计算见式 (3-3)：

$$C = C_0 \times R \quad (3-3)$$

式中　C——水样中悬浮固体含量，结果保留两位小数，mg/L；

　　　C_0——仪器测定值，mg/L；

　　　R——稀释倍数。

4. 操作后检查

(1) 仪器电源是否关闭。

(2) 分光光度计样品池内有无杂物。

(3) 仪器用具是否清洗干净。

三、污水总硬度测定

(一) 滴定分析法的特点

滴定分析法又称容量分析法，是化学分析法中重要的分析方法之一，该方法是将一种已知准确浓度的试剂溶液，通过滴定管滴加到被测物质的溶液中，或将被测物质的溶液滴加到已知准确浓度的溶液中，直到所加的试剂溶液与被测物质按化学式计量关系完全反应为止，根据所用试剂溶液的浓度和消耗的体积，计算被测物质含量的方法。这种分析方法的操作手段主要是滴定，因此称为滴定分析法，又因这一类分析方法是以测量容积为基础的分析方法，所以又称为容量分析法。

滴定法原理是利用已知浓度的试剂溶液（滴定剂）滴加到被测物质的溶液中，直到所加的试剂与被测物质按化学计量定量反应为止，从而根据试剂量的关系确定被测物质的含量。

已知准确浓度的试剂溶液称为标准溶液（又称滴定剂或滴定液）。将标准溶液从滴定管中滴加到被测物质溶液中的操作过程称为滴定。当加入的标准溶液中物质的量与被测组分物质的量恰好符合化学反应式所表示的化学计量关系时，称为反应达到了化学计量点，亦称等量点或等当点。

许多滴定反应在到达化学计量点时外观上没有明显的变化，为了确定化学计量点的到达，在实际滴定操作时，常在被测物质的溶液中加入一种辅助试剂，借助其颜色变化作为化学计量点到达的标志，这种能通过颜色变化指示到达化学计量点的辅助试剂称为指示剂。在滴定过程中，指示剂发生颜色变化的转变点称为滴定终点。化学计量点是根据化学反应的计量关系求得的理论值，而滴定终点是实际滴定时的测得值，只有在理想情况下滴定终点才能与化学计量点完全一致。在实际测定中，指示剂往往不是恰好在到达化学计量点的一瞬间变色，两者不一定完全符合，这种由滴定终点与化学计量点不一定恰好符合而造成的分析误差称为终点误差或滴定误差。它的大小取决于化学反应的完全程度和指示剂的选择是否恰当。因此，为了减小终点误差，应选择合适的指示剂，使滴定终点尽可能接近化学计量点。

滴定分析法通常适用于被测组分的含量在 1% 以上的常量组分的分析，具有所用仪器简单，操作简便、快速，便于掌握，分析准确度较高等特点。一般情况下相对误差在 0.2% 以下。

（二）滴定分析法的分类

根据标准溶液与被测物质间所发生的化学反应类型不同，将滴定分析法分为酸碱滴定法、沉淀滴定法、配位滴定法、氧化还原滴定法。

1. 酸碱滴定法

酸碱滴定法是以酸碱中和反应（质子传递反应）为基础的一种滴定分析法。可用酸为标准溶液测定碱或碱性物质，也可用碱为标准溶液测定酸或酸性物质。

2. 沉淀滴定法

沉淀滴定法是利用沉淀反应进行滴定的方法。这类方法在滴定过程中，有沉淀产生。常用硝酸银为标准溶液测定卤化物、硫氰酸盐等,也可用硫氰酸铵或硫氰酸钾为标准溶液测定银盐,所以又称为银量法。

3. 配位滴定法

配位滴定法是利用配位反应进行滴定的一种方法。其中最常用 EDTA 标准溶液测定各种金属离子的含量。

4. 氧化还原滴定法

氧化还原滴定法是利用氧化还原反应进行滴定的一种方法。可用氧化剂为标准溶液测定还原性物质,也可以用还原剂为标准溶液测定氧化性物质。根据所用的标准溶液不同,氧化还原法又分为高锰酸钾法、碘量法、亚硝酸钠法等。

(三)滴定分析法的基本条件

滴定分析是以化学反应为基础的分析方法,在各种类型的化学反应中,并不都能用于滴定分析,适用于滴定分析的化学反应,必须具备反应要完全、反应速度要快、反应选择性要高、要有适宜的指示剂四个条件。

1. 反应要完全

标准溶液与被测物质之间的反应要按一定的化学反应方程式进行,反应定量完成的程度要达到 99.9% 以上,无副反应发生,这是定量计算的基础。

2. 反应速度要快

滴定反应要求瞬间完成,对于速度较慢的反应,需通过加热或加入催化剂等方法提高反应速度。

3. 反应选择性要高

标准溶液只能与被测物质反应,被测物质中的杂质不得干扰主要反应,否则必须用适当的方法分离或掩蔽来去除杂质的干扰。

4. 要有适宜的指示剂

要有适宜的指示剂或其他简便可靠的方法确定滴定终点。

(四)滴定分析法的滴定方式

滴定分析法中常用的滴定方式有直接滴定法、返滴定法、置换滴定法、间接滴定法。

1. 直接滴定法

如果滴定反应符合上述滴定分析反应必须具备的条件就可用标准溶液直接滴定被测物质，这种滴定方法称为直接滴定法。如以 NaOH 标准溶液滴定 HAc 溶液，以 $KMnO_4$ 标准溶液滴定 Fe^{2+} 等，都属于直接滴定法。当标准溶液与被测物质的反应不完全符合上述要求时，则应考虑采用下述几种滴定方式。

2. 返滴定法

当反应速度慢或反应物难溶于水时，加入等量的标准溶液后，反应不能立即定量完成或没有合适指示剂的那些滴定反应，可先在被测物质的溶液中加入过量的标准溶液（A），待反应完全后，再用另一种标准溶液（B）滴定剩余的标准溶液（A），根据两种标准溶液的浓度和用量，即可求得被测物质的含量，这种滴定方式称为返滴定法或称剩余滴定法。例如，氧化锌难溶于水，可先加入定量的盐酸标准溶液使之溶解，然后再用 NaOH 的标准溶液滴定剩余的盐酸即可测定氧化锌。

3. 置换滴定法

对于不按确定的反应式进行（伴有副反应）的反应，不能直接滴定被测物质，而是先用适当的试剂与被测物质反应，使之定量地置换生成另一可直接滴定的物质，再用标准溶液滴定此生成物，这种滴定方法称为置换滴定法。例如，还原剂 NaS_2O_3 与氧化剂 $K_2Cr_2O_7$ 之间发生反应时，NaS_2O_3 一部分被氧化生成 SO_4^{2-}，另一部分被氧化生成 $S_4O_6^{2-}$，反应无确定的计算关系。但是 $K_2Cr_2O_7$ 在酸性条件下氧化 KI，定量地生成 I_2，此时再用 NaS_2O_3 标准溶液滴定生成的 I_2，这一反应符合滴定分析的要求。

4. 间接滴定法

当被测物质不能与标准溶液直接反应时，可将试样通过和另一种能和标准溶液作用的物质反应后，再用适当的标准溶液滴定反应产物，这种滴定方式称为间接滴定法。例如，硼酸的离解常数 Ka 太小，不能用标准溶液直接滴定，但硼酸可与多元醇反应生成的配合酸的离解常数为 10^{-6}，可以用 NaOH 标准溶液滴定生成的配合酸，求出硼酸的含量。

在滴定分析中由于采用了返滴定、置换滴定、间接滴定等滴定方法，大大扩展了滴定分析的应用范围。

（五）指示剂的变色原理

用于酸碱滴定的指示剂均称为酸碱指示剂。酸碱指示剂是一类结构复杂的有机弱酸或有机弱碱。分别称酸型指示剂和碱型指示剂，其中酸型指示剂用 HIn 表示，碱型指示剂用 InOH 表示。由于指示剂在溶液中能部分电离，电离后产生与指示剂本身具有不同结构的复杂离子，且其离子与指示剂分子颜色不同，当改变溶液的 pH 值时，指示剂会失去或得到质子，而使结构发生变化，导致溶液的颜色也随之变化。

（六）铬黑 T 法的显色原理

化学名称是 1-（1-羟基—2-萘偶氮基）—6-硝基—2-萘酚—4-磺酸钠。

铬黑 T 溶于水时，碳酸基上的 Na^+ 全部解离，形成 H_2In^-，根据酸碱指示剂的变色原理，可近似估计出铬黑 T 在不同 pH 值下的颜色如下：pH 值 = 6.3 时，呈现蓝色与紫红色的混合色；pH 值 < 6.3 时，呈紫红色；pH 值 = 6.3～11.55 时，呈蓝色；pH 值 > 11.55 时，呈橙色。

铬黑 T 与金属离子形成的配合物显红色。可以预料，在 pH 值 < 6.3 和 pH > 值 11.55 的溶液中，由于指示剂本身接近红色，故不能使用。根据实验结果，使用铬黑 T 的最适宜酸度是：pH 值 = 9～10.5。在 pH 值 = 10 的缓冲溶液中，用 EDTA 直接滴定 Mg^{2+}、Zn^{2+}、Cd^{2+}、Pb^{2+} 和 Hg^{2+} 等离子时，铬黑 T 是良好的指示剂，但 Al^{3+}、Fe^{3+}、Co^{2+}、Ni^{2+}、Cu^{2+}、Ti^{4+} 等对指示剂有封闭作用。

固体铬黑 T 性质稳定，但其水溶液只能保存几天，这是由于发生聚合反应和氧化反应的缘故。在 pH 值 < 6.5 的溶液中，聚合更为严重。指示剂聚合后，不能与金属离子显色。在配制溶液时，如加入三乙醇胺，可减慢聚合速度在碱性溶液中，空气中的 O_2 以及 Mn（IV）和 Ce^{4+} 等能将铬黑 T 氧化并褪色，加入盐酸羟氨或抗坏血酸等还原剂，可防止其氧化。

配制指示剂的另一方法是：将铬黑 T 与干燥的优级纯 NaCl 按 1∶100 混合研细，密闭保存，使用时用药匙取约 0.1g，直接加于溶液中。

（七）水中总硬度的测定方法

1. 方法简介

水的硬度主要指水中含有可溶性的钙盐和镁盐的量。此种盐类含量多的水称为硬水，含量较少的则为软水，常用水（油田污水、自来水、河水、井水等）都是硬水。

我国常用的水的硬度表示方法有两种：

（1）将测得的 Ca^{2+}、Mg^{2+} 折算成 $CaCO_3$ 的质量，以 1L 水中含有 $CaCO_3$ 毫克数表示硬度，单位 mg/L。

（2）将测得的 Ca^{2+}、Mg^{2+} 折算成 CaO 的质量，以 1L 水中含有 10mgCaO 为 1 度，表示硬度。

2. 测定原理

化学计量点前，Ca^{2+}、Mg^{2+} 与铬黑 T 指示剂形成酒红色配合物，当用 EDTA 滴定液滴定至化学计量点时，EDTA 夺取酒红色配合物中的 Ca^{2+}、Mg^{2+}，游离出指示剂，使溶液呈纯蓝色，即达到滴定终点。

取一定量的水样，在 pH 值 = 10 的条件下，以铬黑 T 为指示剂，用（0.01mol/L）的 EDTA 标准溶液直接滴定水中 Ca^{2+}、Mg^{2+} 的总量，即可计算水的硬度。

铬黑 T 与 Mg^{2+} 的显色灵敏度高于与 Ca^{2+} 显色的灵敏度，但是当水中 Mg^{2+} 的含量较低时（一般要求相对于 Ca^{2+} 来说须有 5%Mg^{2+} 存在），用铬黑 T 指示剂往往得不到敏锐终点，这时可在缓冲溶液中加入一定量的 Mg^{2+}-EDTA 盐，此时 $MgY+Ca^{2+} = CaY+Mg^{2+}$，置换出来的 Mg^{2+}+In（蓝）=MgIn（很深的红色）。滴定时，EDTA 先与 Ca^{2+} 配位，当达到滴定终点时，EDTA 夺取 MgIn 中的 Mg^{2+}，形成 MgY，游离出指示剂，显蓝色：Y+MIn（红）= MY+In（蓝）颜色变化明显，在这里，滴定前加入的 MgY 和最后生成的 MgY 的量是相等的，故加入的 MgY 不影响滴定结果。

3. 仪器与试剂

1）仪器

酸式滴定管（25mL），移液管（50mL），量筒（100mL），锥形瓶（250mL），容量瓶（250mL），洗耳球。

2）试剂

（1）EDTA 标准溶液（0.01mol/L）：吸取 EDTA 标准溶液（0.05mol/L）50.00mL 置于 250mL 容量瓶中，加水稀释至刻度。

（2）铬黑 T 指示剂：取铬黑 T10.5g，加氨—氯化铵缓冲液（pH 值 =10）10mL，加适量乙醇制成 100mL。

（3）氯—氧化铵缓冲液（pH 值 =10）：取 NH_4Cl 溶于水中，加氨水 350mL，用水稀释至 1000mL。

4. 硬度测定

用 50mL 大肚移液管量取水样 50mL 于锥形瓶中，加氨—氯化铵缓冲液

（pH 值 = 10）2mL 及铬黑 T 指示液 2 滴，用 EDTA 标准溶液（0.01mol/L）滴定至溶液由酒红色变为纯蓝色，即为终点，记录所消耗 EDTA 标准溶液的体积。取两次测定结果的平均值作为水样的硬度。

（八）污水硬度测定操作

1. 准备工作

（1）正确穿戴好防静电工服及工鞋，戴好安全帽及劳保手套。

（2）准备工具、用具，见表 3-5。

表 3-5 污水中硬度监测工具、用具表

序号	工具、用具名称	规格	数量	序号	工具、用具名称	规格	数量
1	吸量管	2mL 刻度	2 支	9	蒸馏水		若干
2	大肚吸管	50mL	1 个	10	污水桶	5L	1 只
3	吸耳球		10 个	11	记录纸		若干
4	洗瓶		10 个	12	记录笔		若干
5	锥形瓶	250mL	5 个	13	擦机布		若干
6	酸式滴定管	25mL	1 个	14	铬黑 T 指示剂	5g/L	适量
7	滴定架		1 套	15	缓冲溶液	pH 值 = 10	适量
8	定性滤纸		若干	16	EDTA 标准溶液	0.01mol/L	200mL

2. 操作前准备

（1）检查化验器具是否齐全、完好、清洁。

（2）启运强制排风设备。

3. 操作步骤

（1）用硬质玻璃瓶采集水样，采样前先将瓶洗净，采样时用水冲洗 3 次，再采集于瓶中。

（2）用样品清洗大肚管 3 次，准确移取 50.00mL 样品，移入锥形瓶中，记录体积 V，同时做空白样。

（3）加入缓冲溶液 2.00mL，摇匀。

（4）加入 2 滴铬黑 T 指示剂，摇匀，溶液呈天蓝色则硬度为 0，若颜色为粉红色，则进入 EDTA 滴定。

（5）用 EDTA 滴定，滴定至溶液由紫红色变为亮蓝色为终点，记录消耗 EDTA 体积 V_0。

（6）计算公式见式（3-4）。

$$\rho_{CaCO_3} = \frac{V_0 \times C_{EDTA} \times 100.09 \times 1000}{V} \qquad (3-4)$$

式中　ρ_{CaCO_3}——水样总硬度，保留一位小数，mg/L；

V_0——消耗 EDTA 量，mL；

V——水样体积，mL；

C_{EDTA}——EDTA 浓度，mol/L。

（九）操作后检查

（1）药剂归位。

（2）仪器用具是否清洗干净。

第三节 药剂检验

一、药剂抽样

(一)药剂抽样概述

油气田水处理过程中常用化学药剂进行水质净化处理。常用的化学药剂有预脱水剂、反相破乳剂、净水剂、絮凝剂、助凝剂、杀菌剂、阻垢剂、破乳剂等。药剂质量的好坏,直接关系到油气田水处理的指标能否达标和水处理成本的多少。掌握药剂抽检基本常识,严把药剂入站质量关,防止不合格品进入,是油气田水处理工应掌握的一项基本技能。

油气田水处理常用化学药剂组成成分,见表3-6。

表3-6 油气田水处理药剂组成成分表

序号	药剂名称	化学组成成分	作用
1	预脱水剂	聚丙烯酰胺,烷基聚季铵盐	用于油水处理中高含水原油的预脱水,起到辅助脱水和净水作用,能够快速分离游离水,改善脱出污水水质
2	反相破乳剂	水溶性阳离子聚醚	用于油气田水处理中含有乳化油的含油污水处理,起到破乳、脱水和净水作用
3	絮凝剂	聚合氯化铝	污水在絮凝除油时加入的一种化学药剂,对污水中的原油微粒和悬浮物具有凝聚和絮凝作用,使其颗粒增大,以利于从水中清除掉
4	助凝剂	聚丙烯酰胺	不能在某一特定的水处理工艺中单独作用,但可以与絮凝剂(絮凝剂)配合使用而提高或改善凝聚和絮凝效果的化学药剂。辅助絮凝剂发挥作用,加强絮凝效果
5	阻垢剂	氨基三甲叉磷胺 羟基乙叉二磷胺	指一类能抑制水中钙、镁等成垢盐类型成水垢的化学品。主要用于油气田水处理过程中水系统的防垢、阻垢,避免结垢造成管线及设备设施的堵塞
6	杀菌剂	十二烷基二甲基苄基氯化铵 12-18烷基苄氯化铵 二硫氰基甲烷	用于抑制水中菌藻等微生物滋长,以防止形成微生物黏泥的化学品。通常分为氧化性杀菌剂和非氧化性杀菌剂两类。主要用于除去生长在油田污水系统中的硫酸盐还原菌、铁细菌和腐生菌。一般采用间断性投加的方式
7	破乳剂	环氧乙烷环氧丙烷嵌段共聚物	用于油水处理中高含水原油脱水,起到原油破乳的作用,能够加快油水分离

（二）抽样操作

1. 准备工作

（1）正确穿戴好防静电工服及工鞋，戴好安全帽及劳保手套。

（2）准备工具、用具，见表3-7。

表3-7　药剂抽样工具、用具表

序号	工具、用具名称	规格	数量	序号	工具、用具名称	数量
1	取样桶	1000mL	2个	7	石蜡	若干
2	取样勺	100mL	1个	8	记录纸	若干
3	取样管	直径6mm，长度750mm	1支	9	记录笔	1支
4	广口瓶	500mL	2支	10	擦机布	若干
5	取样笼	可装4个500mL广口瓶	1个	11	防毒面具	1个
6	标签粘贴纸		若干		防尘口罩	

（3）携带准备好的工具、用具，佩戴好防毒面具到现场。

（4）取固体样品要佩戴防尘口罩。

2. 小容器50kg及以下桶装液体药剂抽样

（1）在同一批次药剂中随机抽取5桶药剂作为样品进行药剂抽取。

（2）将抽取的5桶药剂用手摇晃进行混匀。

（3）用取样勺分别抽取5桶药剂中等量药剂各约100mL倒入500mL广口瓶中混匀。用同样方法再抽取500mL倒入另一个广口瓶中。

（4）用石蜡封紧瓶口，擦净广口瓶外面洒落药剂。

（5）在标签粘贴纸上记录所取样品名称、生产厂家、进货数量、时间、批号、取样人姓名、取样时间，粘贴在取样瓶上。

（6）将所取药剂送至化验室，一瓶作为化验分析使用，另一瓶留作复检备用。

（7）清洁取样勺。

3. 中等容器200kg及以下桶装液体药剂抽样

（1）在同一批次药剂中随机抽取5桶药剂作为样品进行药剂抽取。

（2）将抽取的5桶药剂用滚动、倒置或手工搅拌的方法进行混匀。

（3）用取样管分别抽取5桶药剂中等量药剂各约100mL倒入500mL广

口瓶中混匀；用同样方法再抽取 500mL 倒入另一个广口瓶中。

（4）用石蜡封紧瓶口，擦净广口瓶外面洒落药剂。

（5）在标签粘贴纸上记录所取样品名称、生产厂家、进货数量、时间、批号、取样人姓名、取样时间。粘贴在取样瓶上。

（6）将所取药剂送至化验室，一瓶作为化验分析使用，另一瓶留作复检备用。

（7）清洁取样管。

4. 50kg 及以下袋装固体药剂抽样

（1）同一批次药剂少于 10 袋，则每袋均抽取样品，10～50 袋，则随机抽取 12 袋药剂作为样品进行药剂抽取。

（2）将抽取的药剂用倒置或手工搅拌方法进行混匀。

（3）用取样勺分别抽取 5 袋药剂中等量药剂各约 100mL 倒入 500mL 广口瓶中混匀；用同样方法再抽取 500mL 倒入另一个广口瓶中。

（4）用石蜡封紧瓶口，擦净广口瓶外面洒落药剂。

（5）在标签粘贴纸上记录所取样品名称、生产厂家、进货数量、时间、批号、取样人姓名、取样时间。粘贴在取样瓶上。

（6）将所取药剂送至化验室，一瓶作为化验分析使用，另一瓶留作复检备用。

（7）清洁取样勺。

5. 大容器（储罐、槽车等）装液体药剂抽样

1）在进货同时进行药剂抽取（将运输过程作为搅拌器立即取样）

（1）用取样管抽取 1000mL 倒入 2 个 500mL 广口瓶中。

（2）用石蜡封紧瓶口，擦净广口瓶外面洒落药剂。

（3）在标签粘贴纸上记录所取样品名称、生产厂家、进货数量、时间、批号、取样人姓名、取样时间。粘贴在取样瓶上。

（4）将所取药剂送至化验室，一瓶作为化验分析使用，另一瓶留作复检备用。

（5）清洁取样管。

2）在本单位储药箱中进行药剂抽取

（1）用取样管在储药容器的上（储液高度的 1/6 处）、中（1/2 处）、下（5/6 处）三个部位各抽取 150～170mL 等量药剂倒入 500mL 广口瓶中混匀。用同样方法抽取另一瓶药剂。

（2）用石蜡封紧瓶口，擦净广口瓶外面洒落药剂。

（3）在标签粘贴纸上记录所取样品名称、生产厂家、进货数量、时间、批号、取样人姓名、取样时间。粘贴在取样瓶上。

（4）将所取药剂送至化验室，一瓶作为化验分析使用，另一瓶留作复检备用。

（5）清洁取样管。

二、预脱水剂入站检验

油气田水处理过程中常用化学药剂进行水质净化处理。预脱水剂是水处理系统中所加入的第一段除油药剂，药剂质量的好坏，直接关系到油气田水处理的指标能否达标和水处理成本的多少，掌握药剂基本性能，严把药剂入站质量关，防止不合格品进入，是油气田水处理工应掌握的一项基本技能。

（1）化学品组成成分：聚丙烯酰胺、烷基聚季铵盐。

（2）作用、用途：用于油气田水处理中高含水原油的预脱水，起到原油破乳、脱水和净水多种作用，可大大降低其他能源的消耗，节约污水处理成本。

（3）作用机理：由于分子中含有双键和阳离子季氨基团，可以和许多不饱和单体进行共聚，共聚物在水溶液中带有正电荷，中和水中小油粒的负电荷，从而使小油粒变为大油珠，以达到油水分离。

（4）使用方法及工艺使用条件：预脱水剂理化性质为黏稠液体，可以按一定比例稀释后加入需处理的液体中，提高处理液中的混相强度能提高该药剂的使用效果。

（一）准备工作

（1）正确穿戴好防静电工服及工鞋，戴好安全帽及劳保手套。

（2）准备工具、用具，见表3-8。

表3-8 药剂入站检验工具、用具表

序号	工具、用具名称	规格	数量	序号	工具、用具名称	规格	数量
1	石油醚	500mL	1瓶	5	分析天平	感量0.0001g	1台
2	乙醇	500mL	1瓶	6	烧杯	500mL、1000mL	各5支
3	恒温水浴锅	控温精度±1℃	1台	7	移液管	10mL	1支
4	调速搅拌器	0～1000r/min	1台	8	注射器	1mL，分度值0.02mL	1支

续表

序号	工具、用具名称	规格	数量	序号	工具、用具名称	规格	数量
9	注射器	10mL,分度值0.2mL	1支	14	记录纸		若干
10	比色管	100mL	10支	15	记录笔		1支
11	玻璃棒	ϕ8mm	1支	16	擦布		若干
12	广口瓶	500mL	2支	17	纯净水		适量
13	标签黏贴纸		2支	18	防毒面具		1个

（3）携带准备好的工具、用具，佩戴好防毒面具到现场。

（二）操作步骤

（1）将现场取回的预脱水剂用纯净水配制成1%的水溶液100mL，贴上标签注明现场药剂。

（2）将原有标准药剂配制成1%的水溶液100mL，贴上标签注明标准药剂。

（3）将化验室内水浴锅加满水，启动恒温水浴，加热至与现场液体温度一致，控制精度±1℃。

（4）用1000mL烧杯取现场进站液体。

（5）用玻璃棒将烧杯中液体充分混匀，分成两份待用。

（6）用其中一份按GB/T 8929—2006《原油水含量的测定蒸馏法》方法测定综合含水，确定试样含水量V_0。

（7）将另一份试样用玻璃棒充分混匀，分别倒入2支100mL比色管中。

（8）将取好的混合样放入已加热到规定温度的水浴锅中；预热10min后加药。

（9）按照药剂现场使用浓度加入现场取回药剂于1支比色管中，贴上标签注明现场试样。另1支比色管加入等浓度标准药剂，贴上标签注明标准试样。

（10）将2支比色管充分摇匀，继续加热沉降120min。

（11）分别目测并记录脱水量。

（12）比色管移出水浴锅冷却。

（13）用移液管取出底部污水，按SY/T 5329—2022《碎屑岩油藏注水水质指标技术要求及分析方法》规定测定含油量和悬浮固体含量。

（14）试验结束后，关闭水浴锅电源，刷洗比色管、样桶、烧杯等器具，清洁仪器、设备。

(15)记录检测结果。

(16)计算脱水率见式(3-5)。

$$X = \frac{V_1}{V_0} \times 100\% \qquad (3-5)$$

式中 X——脱水率,%;

V_0——试样含水量,mL;

V_1——脱水量,mL。

(17)对比两组数据,试验药剂脱水量达到联合站预脱水剂量化判定标准值,且与标准药剂试验数据一致,则判定为合格。

(18)理化指标检验:按照生产产品标准规定方法进行检验。

(19)检验项目。

外包装:检验方法为目测,标准要求为无破损,合格证、安全检验标识清晰,药剂无泄漏;

外观:检验方法为目测,标准要求为无色至淡黄色液体;

pH值:检验方法为广泛pH试纸,标准要求为4~8;

密度:按照GB/T 4472—2011《化工产品密度、相对密度的测定》执行,标准为0.95~1.15。

(20)填写检验报告单。预脱水剂检验报告单格式,见表3-9。

表3-9 预脱水剂检验报告单

供应商:		生产日期:	取样人:
产品名称(型号):		生产数量:	使用地点:
生产厂址:		取样地点:	检验人:
批号:		取样日期:	检验日期:
项目		现场药剂数据	标准药剂数据
检验数量	总件数,桶		
	总质量,kg		
理化指标检验	外观		
	pH值		
	密度25℃,g/m³		
使用性能检验	脱水率,体积分数,%		
	污水含油量,mg/L		
	污水悬浮固体含量,mg/L		
	与现场在用破乳剂配伍性		
检验结论			

检验员: 审核人:

三、反相破乳剂入站检验

反相破乳剂为复合型高分子水处理剂,它是由多种活性官能团的高分子聚合物及其共聚物合成而成的,这些活性官能团及其共聚物与处理的污水除有电性中和作用之外,还有架桥作用,可有效地改善油包水(W/O)或水包油(O/W)乳液的界面张力,使污水内的胶体颗粒失去稳定的排斥力及吸引力,最终失去稳定性而形成絮体,更进一步通过化学桥联,最终完成对污水中的油水分离及有害杂质的分离,达到回收油品、使污水得到净化的目的,以满足后续处理工序对水质的要求或达到国家对污水的排放要求。

常用的反相破乳剂组成成分为:聚氧丙烯、聚氧乙烯、三乙烯四胺醚。它主要用于油气田水处理中含有乳化油的含油污水处理,起到破乳、脱水和净水作用。

(一)准备工作

(1)正确穿戴好防静电工服及工鞋,戴好安全帽及劳保手套。
(2)准备工具、用具,见表3-10。

表3-10 反相破乳剂入站检验工具、用具表

序号	工具、用具名称	规格	数量	序号	工具、用具名称	规格	数量
1	石油醚	500mL	1瓶	10	比色管	100mL	10支
2	乙醇	500mL	1瓶	11	玻璃棒	ϕ8mm	1支
3	恒温水浴锅	控温精度±1℃	1台	12	广口瓶	500mL	2支
4	调速搅拌器	0~1000r/min	1台	13	标签粘贴纸		若干
5	分析天平	感量0.0001g	1台	14	记录纸		若干
6	烧杯	500mL,1000mL	各5支	15	记录笔		1支
7	移液管	10mL	1支	16	擦机布		若干
8	注射器	1mL,分度值0.02mL	1支	17	纯净水		适量
9	注射器	10mL,分度值0.2mL	1支	18	防毒面具		1个

(3)携带准备好的工具、用具,佩戴好防毒面具到现场。

(二)操作步骤

(1)将现场取回的反相破乳剂用纯净水配制成1%的水溶液100mL,贴

上标签注明现场药剂。

（2）将原有标准药剂配制成1%的水溶液100mL，贴上标签注明标准药剂。

（3）将化验室内水浴锅加满水，启动恒温水浴，加热至与现场液体温度一致，控制精度±1℃。

（4）用1000mL烧杯取现场未加入反相破乳剂的脱出污水。

（5）用玻璃棒将烧杯中液体充分混匀，分成两份待用。

（6）按SY/T 5329—2022《碎屑岩油藏注水水质指标技术要求及分析方法》规定测定含油量，确定试样含油量V_0。

（7）将另一份试样用玻璃棒充分混匀，分别倒入2支100mL比色管中。

（8）将取好的混合样放入已加热到规定温度的水浴锅中；预热10min后加药。

（9）按照药剂现场使用浓度加入现场取回药剂于1支比色管中，贴上标签注明现场试样。另1支比色管加入等浓度标准药剂，贴上标签注明标准试样。

（10）将2支比色管充分摇匀，继续加热沉降120min。

（11）观察水相清洁度，水相清洁度≥1。

（12）比色管移出水浴锅冷却。

（13）用移液管取出底部污水，按SY/T 5329—2022《碎屑岩油藏注水水质指标技术要求及分析方法》规定测定含油量和悬浮固体含量。

（14）试验结束后，关闭水浴锅电源，刷洗比色管、样桶、烧杯等器具，清洁仪器、设备。

（15）记录检测结果。

（16）计算除油率见式（3-6）。

$$X = \frac{(V_0 - V_1)}{V_0} \times 100\% \qquad (3-6)$$

式中 X——除油率，%；

V_0——未处理前水样含油量，mL；

V_1——加药处理后水样中含油量，mL。

（17）对比两组数据，试验药剂除油率达到联合站反相破乳剂量化判定标准值，且与标准药剂试验数据一致，则判定为合格。

（18）理化指标检验：按照生产厂产品标准规定方法进行检验。

（19）检验项目。

外包装：检验方法为目测，标准要求为无破损，合格证、安全检验标识清晰，药剂无泄漏；

外观：检验方法为目测，标准要求为淡棕色或棕色液体；

固含量：按照 SY/T 5329—2022《碎屑岩油藏注水水质指标技术要求及分析方法》执行，标准为 4%～10%；

pH 值：检验方法为广泛 pH 试纸，标准要求为 4～8；

密度：按照 GB/T4472—2011《化工产品密度、相对密度的测定》执行，标准为 0.95～1.15；

（20）填写检验报告单。反相破乳剂检验报告单格式，见表 3-11。

表 3-11　反相破乳剂检验报告单

供应商：		生产日期：	取样人：
产品名称（型号）：		生产数量：	使用地点：
生产厂址：		取样地点：	检验人：
批号：		取样日期：	检验日期：
项目		现场药剂数据	标准药剂数据
检验数量	总件数，桶		
	总质量，kg		
理化指标检验	外观		
	pH 值		
	密度 25℃，g/cm^3		
使用性能检验	脱水率，体积分数，%		
	污水含油量，mg/L		
	污水悬浮固体含量，mg/L		
	与现场在用破乳剂配伍性		
检验结论			

检验员：　　　　　　　　　　　　　　　　　　　　审核人：

四、絮凝（混凝）剂、助凝剂入站检验

絮凝剂：是能使水质的固体悬浮物聚集、下沉的化学剂。助凝剂：配合絮凝剂使用，使水中聚集的固体悬浮物迅速下沉的化学剂，在助凝剂单独使用时即为絮凝剂。

油气田水处理常用絮凝剂、助凝剂组成成分见表3-12。

表3-12 油气田水处理药剂组成成分表

序号	名称	化学品或成分	分子式	作用、用途
1	絮凝剂	聚合氯化铁	$AL_2Cl(OH)_5$	污水在絮凝除油时加入的一种化学药剂,对污水中的原油微粒和悬浮物具有凝聚和絮凝作用。使其颗粒增大,以利于从水中清除掉
2	助凝剂	聚丙烯酰胺	$(C_3H_5NO)_n$	不能在某一特定的水处理工艺中单独作用,但可以与絮凝剂配合使用而提高或改善凝和絮凝效果的化学药剂。辅助絮凝剂发挥作用,加强絮凝效果

(一)絮凝(混凝)剂、助凝剂原理介绍

1. 絮凝剂

絮凝剂在污水处理中的应用:颗粒中较大的粗粒悬浮物可以利用自然沉淀去除,但是更微小的悬浮物,甚至是某些有害的化学离子,特别是胶体粒子沉降得很慢,甚至能在水中长期保持分散的悬浮状态而不能自然上浮或下沉,难以用自然沉淀的方法从水中分离除去,絮凝剂的原理是破坏这些细小颗粒的稳定性,使其互相接触而凝聚在一起,形成絮状物快速分离。

利用絮凝剂治理污水综合了混合、反应、凝聚、絮凝等九个过程,由于絮凝剂投入水中,大多可以提供大量的正离子。正离子能把胶体颗粒表面所带的负电中和掉,使其颗粒间排斥力减小,很容易靠近并凝聚成絮状细粒,实现了使水中细小胶体颗粒脱稳并凝聚成微小细粒的过程,微小的细粒通过吸附、卷带和架桥形成更大的絮体沉淀下来,达到了可从水中分离出来的目的。

污水治理中常用的絮凝剂大致可以分为三类:有机絮凝剂、无机絮凝剂和高分子絮凝剂,有机絮凝剂有阴阳离子型之分;无机絮凝剂有无机类、碱类、固体细粉类等区别;高分子絮凝剂的聚合度的不同可分为高聚合度絮凝剂和低聚合度絮凝剂,不同聚合度下又有阳离子型、阴离子型和非离子型。高分子絮凝剂也有有机与无机类之分。选用絮凝剂的品种、数量应根据处理对象,即不同的废水的试验资料和条件而定,必须从价廉、易得、投用量少、处理效率高且生成的絮状物容易沉淀分离等方面考虑,当投加单个絮凝剂处理效果不理想时,还可以投加助凝剂或者可以考虑两种絮凝剂按比例混合投加。

絮凝剂的分类方法有多种,按其作用可分为:凝聚剂、絮凝剂、助凝剂;按其化学组成成分可分为:无机絮凝剂、有机絮凝剂;按其分子量大小可分

为低分子絮凝剂、高分子絮凝剂；按其来源可分为：天然絮凝剂、合成絮凝剂。

无机盐类絮凝剂品种较少，但在水处理中应用较普遍，主要是水溶性的两价或三价金属盐，如铁盐和铝盐及其水解聚合物。可以选用的无机盐类絮凝剂有硫酸铝、三氯化铁、硫酸亚铁、聚合氯化铝等。

1）硫酸铝

硫酸铝含有不同数量的结晶水，$AL_2(SO_4)_3 \cdot nH_2O$，其中 n=6、10、14、16、18 和 27，常用的是 $AL_2(SO_4)_3 \cdot 18H_2O$ 其分子量为 666.41，密度 1.61，外观为白色，光泽结晶。硫酸铝易溶于水，水溶液呈酸性，室温时溶解度大致是 50%，pH 值在 2.5 以下，沸水中溶解度提高至 90% 以上。

硫酸铝易溶于水，可干式或湿式投加。湿式投加时一般采用 10%～20% 的浓度（按商品固体重量计算）。硫酸铝使用时水的有效 pH 值范围较窄，约在 5.5～8 之间，其有效 pH 值随原水的硬度含量而异；对于软水，pH 值在 5.7～6.6；中等硬度的水为 6.6～7.2；硬度较高的水则为 7.2～7.8。在控制硫酸铝剂量时应考虑上述特性。有时加入过量硫酸铝，会使水的 pH 值降至铝盐絮凝有效 pH 值以下，既浪费了药剂，又使处理后的水发混。

采用硫酸铝作絮凝剂时，运输方便，操作简单，絮凝效果好，但水温低时，硫酸铝水解困难，形成的絮凝体较松散，絮凝效果变差，粗制硫酸铝由于不溶性杂质含量高，使用时废渣较多，带来排除废渣方面的操作麻烦，而且因酸度较高且腐蚀性较强，溶解与投加设备需考虑防腐。

2）三氧化铁

三氧化铁（$FeCL_3 \cdot 6H_2O$）是一种常用的絮凝剂，是黑褐色的结晶体，有极强的吸水性，极易溶于水，其溶解度随温度上升而增加，形成的矾花，沉淀性能好，处理低温水或低浊水效果比铝盐好。采用三氯化铁做絮凝剂时，其优点是易溶解，形成的絮凝体比铝盐絮凝体密实，沉降速度快，处理低温、低浊水时效果优于硫酸铝，适用的 pH 值范围较宽，投加量比硫酸铝小，其缺点是三氧化铁固体产品极易吸水潮解，不易保管，腐蚀性较强，对金属、混凝土、塑料等均有腐蚀性，处理后色度比铝盐处理水高，最佳投加范围较窄，不易控制等。

3）硫酸亚铁

硫酸亚铁（$FeSO_4 \cdot 7H_2O$）是半透明绿色结晶体，俗称绿矾，易于溶水，在水温 20℃时溶解度为 21%。

固体硫酸亚铁需溶解投加，一般配置成 10% 左右的重量百分比浓度使用。

4）聚合氯化铝

聚合氧化铝是一种无机高分子絮凝剂。

聚合氧化铝作为絮凝剂处理水时，有下列优点：

（1）对污染严重或低浊度、高浊度、高色度的原水都可达到好的絮凝效果。

（2）水温低时，仍可保持稳定的絮凝效果，因此在我国北方地区更适用。

（3）矾花形成快。

（4）颗粒大而重，沉淀性能好，投药量一般比碳酸铝低；适宜的pH值范围较宽，在5～9间，当过量投加时也不会像硫酸铝那样造成水浑浊的反效果。其碱化度比其他铝盐、铁盐为高，因此药液对设备的侵蚀作用小，且处理后水的pH值和碱度下降较小。

聚合氯化铝的性能：

（1）聚合氧化铝作为水处理剂对各种水质适应性强，对于高浊度水絮凝沉淀效果尤为显著。

（2）净化后的水质优于硫酸铝等无机絮凝剂，净水成本与之相比低15%～30%，絮凝体形成快，沉降速度快。

（3）含氧化铝高、投加量小，可降低制成水成本。

（4）源水pH值在5.0～9.0范围均可凝聚。

（5）腐蚀性小，操作条件好，溶解性优于硫酸铝。

（6）处理水中盐分较少，有利于离子交换处理和纯水制备。

（7）对源水温度的适应性优于硫酸铝等无机絮凝剂，对低温水的处理效果也较好，最低析出温度为-18℃。

2. 复合絮凝剂

复合絮凝剂是指将两种以上特性互补的絮凝剂复合在一起而得到的絮凝剂，由于各种絮凝剂水解机理不同而且有各自的优缺点和适用范围，为了发挥各单一絮凝剂的优点，弥补其不足，因此将两种以上絮凝剂复合使用以达到扬长避短、拓宽最佳絮凝范围、提高絮凝效率的目的。例如某些铁铝复合絮凝剂，可以利用铁和铝水解特性的差异及形成的絮凝体特性不同而获得最佳的絮凝效果。不同铁铝比对絮凝效果有显著影响，需通过絮凝实验确定。将适当的无机和有机絮凝剂复合使用可以发挥各自在电中和及吸附架桥方面的优势作用而提高絮凝效率。

3. 助凝剂

从广义上讲，凡是不能在某一特定的水处理工艺中单独作用作絮凝剂但可以与絮凝剂配合使用而提高或改善凝聚和絮凝效果的化学药剂均可称为助凝剂，由于原水水质千差万别，没有一种絮凝剂是在任何水质条件下都适用的万能药剂，因此，无论是絮凝剂还是助凝剂，都需要根据所要处理的原水水质情况和所要达到的处理后水质来进行优选。

（二）抽样操作

1. 准备工作

（1）正确穿戴好防静电工服及工鞋，戴好安全帽及劳保手套。

（2）准备工具、用具，见表 3-13。

表 3-13 絮凝剂入站检验工具、用具表

序号	工具、用具名称	规格	数量	序号	工具、用具名称	规格	数量
1	石油醚	500mL	1瓶	10	比色管	100mL	10支
2	乙醇	500mL	1瓶	11	玻璃棒	ϕ8mm	1支
3	恒温水浴锅	控温精度 ±1℃	1台	12	广口瓶	500mL	2支
4	调速搅拌器	0～1000r/min	1台	13	标签粘贴纸		若干
5	分析天平	感量 0.0001g	1台	14	记录纸		若干
6	烧杯	500mL，1000mL	各5支	15	记录笔		1支
7	移液管	10mL	1支	16	擦机布		若干
8	注射器	1mL，分度值 0.02mL	1支	17	纯净水		适量
9	注射器	10mL，分度值 0.2mL	1支	18	防毒面具		1个

（3）携带准备好的工具、用具，佩戴好防毒面具到现场。

2. 操作步骤

（1）用比色管将现场取回的絮凝剂用清水配制成浓度为 10.0g/L 的水溶液 100mL，贴上标签注明现场絮凝剂。

（2）用比色管将现场取回的助凝剂用纯净水配制成浓度为 1.00g/L 的水溶液 100mL，贴上标签注明现场助凝剂。

（3）将原有絮凝剂、助凝剂的标准药剂分别配制成浓度为 10.0g/L 和 1.00g/L 的水溶液 100mL，贴上标签注明标准絮凝剂和标准助凝剂。

（4）将化验室内水浴锅加满水，启动恒温水浴，加热至与现场液体温度一致，控制精度 ±1℃。

（5）用 3 支 1000mL 烧杯取现场污水样。

（6）用玻璃棒将烧杯中液体充分混匀，用其中一份按 SY/T 5329—2022《碎屑岩油藏注水水质指标技术要求及分析方法》方法测定水样含油量和悬浮固体含量，确定试样含水油量 C_1，悬浮固体含量 C_3。

（7）将另外两份试样放入已加热到规定温度的水浴锅中；预热 10min 后加药。

（8）按照药剂现场使用浓度加入已经配制好的现场絮凝剂溶液于 1 支烧杯中，贴上标签注明现场试样，另 1 支烧杯加入等浓度标准絮凝剂，贴上标签注明标准试样。

（9）将 2 支烧杯在转速为 120r/min 下快速搅拌 10min 使之充分混合后，再各加入所需助凝剂，快速搅拌 1min。

（10）降低转速到 20 ～ 60r/min 慢速搅伴 20min。

（11）记录首次观察到絮团形成的时间，转速的选择要保证在整个慢速搅拌时间内，絮团能均匀地悬浮，并不致使已经形成的絮团破碎。

（12）慢速搅拌之后，移去搅拌桨，并观测絮团的沉降。记录絮团相对尺寸和大部分絮团沉降到烧杯底部所需时间。

（13）静止沉降 20min 后，记录在烧杯底的絮团沉积层的厚度和外观，记录水样温度。

（14）烧杯移出水浴锅冷却进行水质分析。

（15）用移液管取出烧杯中一半深度的上层清液。

（16）按 SY/T 5329—2022《碎屑岩油藏注水水质指标技术要求及分析方法》规定测定含油量 C_1，和悬浮固体含量 C_3。

（17）试验结束后，关闭水浴锅电源，刷洗比色管、样桶、烧杯等器具，清洁仪器、设备。

（18）记录检测结果。

（19）计算除油率见式（3-7）。

$$X = \frac{C_0 - C_1}{C_0} \times 100\% \qquad (3-7)$$

式中　X——除油率，%；

　　　C_0——未处理前水样含油量，mg/L；

C_1——加药处理后水样中含油量，mg/L。

（20）计算悬浮物去除率见式（3-8）。

$$X = \frac{C_2 - C_3}{C_2} \times 100\% \qquad (3-8)$$

式中　X——悬浮物固体去除率，%；

C_2——未处理前水样悬浮固体含量，mg/L；

C_3——加药处理后水样中悬浮固体含量，mg/L。

（21）对比两组数据，试验药剂达到联合站量化判定标准并与标准药剂试验数据一致，则判定为合格。

（22）外观检验：检验方法为目测，标准要求为外包装无破损，合格证、安全检验标识清晰，药剂无泄漏；药剂外观目测与生产产品标准规定一致。

（23）填写检验报告单。絮凝剂、助凝剂检验报告单格式，见表3-14。

表3-14　絮凝剂、助凝剂检验报告单

供应商：		生产日期：	取样人：
产品名称（型号）：		生产数量：	使用地点：
生产厂址：		取样地点：	检验人：
批号：		取样日期：	检验日期：

	项目	现场药剂数据	标准药剂数据
检验数量	总件数，桶（袋）		
	总质量，kg		
外观检验	外观		
使用性能检验	絮团首次形成时间，min		
	絮团相对尺寸（小、较小、较大、大）		
	沉降时间，min		
	絮团沉积层厚度和外观（絮团沉积层密、较密、较松、松，厚度mm）		
	除油率，%		
	处理后污水含油量，mg/L		
	悬浮固体去除率，%		
	处理后污水悬浮固体含量，mg/L		
	与现场在用药剂配伍性		
检验结论			

检验员：　　　　　　　　　　　　　　　　　　　　审核人：

第四章
常用工具用具

第一节 常用手工工具

一、手钳的分类及使用

手钳是用来夹持零件、切断金属丝、剪切金属薄片或将金属薄片、金属丝弯曲成所需形状的常用手工工具。手钳的规格是指钳身长度（mm）。手钳按用途可分为钢丝钳、尖嘴钳、扁嘴钳、圆嘴钳、弯嘴钳、斜嘴钳、挡圈钳、鲤鱼钳、胡桃钳、顶切钳、大力钳、断线钳等。

（一）钢丝钳

钢丝钳用于夹持或折弯薄片形、圆柱形金属零件或金属丝，其旁边带有刃口的钢丝钳还可以用于切断细金属（带有绝缘塑料套的可用于剪断电线），是应用最广泛的手工工具，外形如图4-1所示。

图4-1 钢丝钳

钢丝钳按照柄部可分为不带塑料套和带塑料套两种；按照钳口形状可分为平钳口、凹钳口和剪切钳口三种。钢丝钳的规格见表4-1。

表4-1 钢丝钳的规格

类型		工作电压，V	钳身长度，mm		
柄部	旁剪口				
铁柄	有	—	160	180	200
	无				
绝缘柄	有	500			
	无				
能切断硬度 HRC ≤ 30 中碳钢丝的最大直径，mm			2	2.5	3

（二）尖嘴钳

尖嘴钳适用于比较狭小的工作空间位置上小零件的夹持，主要用于仪器仪表、电信、电器行业安装维修工作，带刃口的尖嘴钳还可以切断细金属丝，外形如图 4-2 所示。

图 4-2 尖嘴钳

尖嘴钳按照柄部可分为不带塑料套和带塑料套两种。铁柄尖嘴钳电工禁用，绝缘柄的耐压强度为 500V。常用的尖嘴钳有 125mm、140mm、160mm、180mm、200mm 五种规格。

尖嘴钳的钳头部分尖细，且经过热处理，夹持物体不能过大，用力不能过猛，以防损伤钳头；使用时不能用尖嘴钳撬工件以免钳嘴撬变形。

（三）扁嘴钳

扁嘴钳适用于狭窄或凹下工作空间中装拔销子、弹簧等小型零件及对金属薄片或细丝的弯曲，外形如图 4-3 所示。

图 4-3 扁嘴钳

扁嘴钳按照钳头可分为短嘴式和长嘴式两种。其规格见表 4-2。

表 4-2 扁嘴钳的规格

单位：mm

钳身长度		125	140	160	180	200
钳头部长度	短嘴式	25	32	40	—	—
	长嘴式	32	40	50	63	80

（四）圆嘴钳

圆嘴钳可将金属薄片或细丝弯曲成圆形，是仪器仪表、电信器材以及家电装配、维修行业中常用的工具，外形如图 4-4 所示。

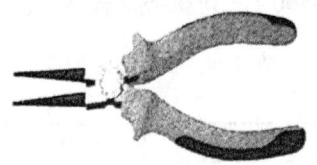

图 4-4　圆嘴钳

圆嘴钳按照柄部可分为带塑料套和不带塑料套两种。铁柄圆嘴钳电工禁用，绝缘柄的耐压强度为 500V。常用的圆嘴钳有 125mm、140mm、160mm、180mm、200mm 五种规格。

（五）弯嘴钳

弯嘴钳与扁嘴钳相似，主要用于在狭窄或凹下的工作空间中夹持零件，外形如图 4-5 所示。

图 4-5　弯嘴钳

弯嘴钳按照柄部可分为带塑料套和不带塑料套两种。铁柄弯嘴钳电工禁用，绝缘柄的耐压强度为 500V。常用的弯嘴钳有 140mm、160mm、180mm、200mm 四种规格。

（六）斜嘴钳

斜嘴钳是剪断金属丝的常用工具。平口斜嘴钳还可在凹坑中完成对金属丝的剪切，常用于电力及电线安装工作场合，外形如图 4-6 所示。

图 4-6　斜嘴钳

斜嘴钳按照柄部可分为带塑料套和不带塑料套两种。铁柄斜嘴钳电工禁用，绝缘柄的耐压强度为500V。其规格见表4-3。

表4-3 斜嘴钳的规格

单位：mm

钳身长度	125	140	160	180	200
加载距离	80	90	100	112	125

（七）挡圈钳

挡圈钳专用于拆装弹簧挡圈。挡圈钳分为轴用挡圈钳和穴用挡圈钳两种，可适应对各种位置上挡圈的拆装，外形如图4-7所示。

（a）穴用挡圈钳　　（b）轴用挡圈钳

图4-7 挡圈钳

挡圈钳按钳口形状又可分为直嘴式和弯嘴式两种结构（弯嘴结构一般为90°，也有45°的产品），常用的有150mm、175mm两种规格。使用挡圈钳时防止挡圈弹出伤人。

（八）鲤鱼钳

鲤鱼钳用于夹持扁形或圆柱形金属零件，其钳口的开口宽度有两档调节位置，使其可夹持较厚或较大的零件，刃口可切断金属丝，也可代替扳手用于拆装螺栓、螺母等，外形如图4-8所示，常用的有125mm、150mm、165mm、200mm、250mm五种规格。

图4-8 鲤鱼钳

(九）胡桃钳

胡桃钳可用于剪切钉子或其他金属丝，拔起钉入木材或其他非金属材质中的钉子或金属丝，主要用于木料或鞋中钉子的拔起，外形如图4-9所示。

图4-9　胡桃钳

胡桃钳可分为圆肩式（A型）胡桃钳和方肩式（B型）胡桃钳两种。常用的胡桃钳有125mm、150mm、175mm、225mm、250mm、260mm六种规格。

（十）顶切钳

顶切钳常用于机械、电器的装配及维修工作中，用于切断金属丝，外形如图4-10所示。

图4-10　顶切钳

常用的顶切钳有100mm、125mm、140mm、160mm、180mm、200mm六种规格。

（十一）大力钳

大力钳能夹持管子、管材及其他零件，还可夹紧零件进行铆接、焊接、磨削等加工，另外还可作为扳手用。由于夹持后钳口能自锁，不会自然脱落，夹持力大，且钳口有多挡调节位置等优点，使其成为一种多功能、使用方便的工具，外形如图4-11所示。

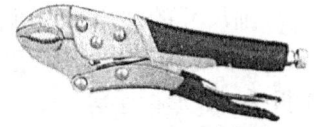

图4-11　大力钳

大力钳的规格是指钳身长度 × 钳口最大开口，常用为220mm×50mm。

（十二）断线钳

断线钳用于切断较粗、较硬的金属丝、线材盘条、刺铁丝及电线等，外形如图 4-12 所示。

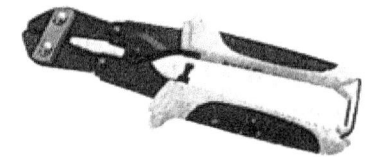

图 4-12　断线钳

断线钳按钳柄分管柄式、可锻铸铁柄式和绝缘柄式，其规格见表 4-4。

表 4-4　断线钳的规格

规格		300	350	450	600	750	900	1050
长度，mm		305	365	460	620	765	910	1070
剪切直径，mm	黑色金属	≤4	≤5	≤6	≤8	≤10	≤12	≤14
	有色金属	2～6	2～7	2～8	2～10	2～12	2～14	2～16

（十三）手钳使用注意事项

手钳在使用时应根据工作需要选择合适的规格和类型。钳把带塑料套的不能在工作温度 100℃ 以上情况下使用，以防塑料套熔化。带绝缘柄的电工钳可供电工使用，绝缘护套耐压为 500V，只适合在低压带电设备上使用。带电操作时，手与金属部分应保持 2cm 以上的距离，剪切带电导线时，不得用钳口同时剪切相线和零线，或同时剪切两根相线（均会造成线路短路）。手钳夹持工件用力得当，防止变形损坏，手钳不能剪硬质合金钢，不能当作锤子或其他工具使用。

二、扳手的分类及使用

扳手主要用来扳动一定范围尺寸的螺栓、螺母，启闭阀类，装、卸杆类螺纹等。常用扳手有：固定扳手、梅花扳手、两用扳手、活动扳手、内六角扳手、套筒扳手、钩形扳手、棘轮扳手、F 形扳手等。

（一）固定扳手

固定扳手俗称死扳手、呆扳手，在扭矩较大时可与手锤配合使用。固定扳手又可分为单头固定扳手和双头固定扳手两种。单头固定扳手用于紧固或拆卸某一种固定规格的六角头或方头螺栓、螺钉或螺母，其外形如图 4-13 所示。双头固定扳手用于紧固或拆卸具有两种固定规格的六角头或方头螺栓、螺钉或螺母，其外形如图 4-14 所示。

图 4-13　单头固定扳手

图 4-14　双头固定扳手

固定扳手的规格是指扳手开口宽度（mm），单头固定扳手的规格为：5.5mm，6mm，7mm，8mm，9mm，10mm，11mm，12mm，13mm，14mm，15mm，16mm，17mm，18mm，19mm，20mm，21mm，22mm，23mm，24mm，25mm，26mm，27mm，28mm，29mm，30mm，31mm，32mm，34mm，36mm，38mm，41mm，46mm，50mm，55mm，60mm，65mm，70mm，75mm，80mm。双头固定扳手的规格见表 4-5。

表 4-5　双头固定扳手的规格

单位：mm

规格类型		开口宽度尺寸系列
单件双头固定扳手		3.2×4，4×5，5×5.5，5.5×7，6×7，7×8，8×9，8×10，9×11，10×11，10×12，10×13，11×13，12×13，12×14，13×14，13×15，13×16，13×17，14×15，14×16，14×17，15×16，15×18，16×17，16×18，17×19，18×19，18×21，19×22，20×22，21×22，21×23，21×24，22×24，24×27，24×30，25×28，27×30，27×32，30×32，30×34，32×34，34×36，36×41，41×46，46×50，50×55，55×60，60×65，65×70，70×75，75×80
成套双头固定扳手	6 件组	5.5×7（或 6×7），8×10，12×14，14×17，17×19，22×24
	8 件组	5.5×7（或 6×7），8×10，10×12，（或 9×11），12×14，14×17，17×19，19×22，22×24
	10 件组	5.5×7（或 6×7），8×10，10×12，（或 9×11），12×14，14×17，17×19，19×22，22×24，24×27，30×32
	新 5 件组	5.5×7，8×10，13×16，18×21，24×27
	新 6 件组	5.5×7，8×10，13×16，18×21，24×27，30×34

（二）梅花扳手

梅花扳手的用途与呆扳手相似。梅花扳手又可分为单头梅花扳手和双头梅花扳手两种。单头梅花扳手仅适用于紧固或拆卸一种规格的内六角螺栓、螺母，其结构如图 4-15 所示。

图 4-15　单头梅花扳手

双头梅花扳手适用于紧固或拆卸两种规格的六角头螺栓、螺母，其结构如图 4-16 所示。梅花扳手可以在扳手转角小于 60°的情况下，一次一次地扭动螺母，使用时一定要选配好规格，使被扭螺母和梅花扳手的规格尺寸相符，不能松动打滑，否则会将梅花扳手棱角损坏。

图 4-16　双头梅花扳手

梅花扳手的规格是指梅花的对边距离（mm）。单头梅花扳手又分为矮颈和高颈两种，其规格为：10mm，11mm，12mm，13mm，14mm，15mm，16mm，17mm，18mm，19mm，20mm，21mm，22mm，23mm，24mm，25mm，26mm，27mm，28mm，29 mm，30 mm，31mm，32mm，34mm，36mm，38mm，41mm，46mm，50mm，55mm，60mm，65mm，70mm，75mm，80mm。双头梅花扳手可分为矮颈、高颈、直颈和弯颈 4 种形式，其规格见表 4-6。

表 4-6　双头梅花扳手的规格

单位：mm

规格类型	梅花对边距离尺寸系列
单件双头梅花扳手	6×7，7×8，8×9，8×10，9×11，10×11，10×12，10×13，11×13，12×13，12×14，13×14，13×15，13×16，13×17，14×15，14×16，14×17，15×16，15×18，16×17，16×18，17×19，18×19，18×21，19×22，20×22，21×22，21×23，21×24，22×24，24×27，24×30，25×28，27×30，27×32，30×32，30×34，32×34，34×36，36×41，41×46，46×50，50×55，55×60

续表

规格类型		梅花对边距离尺寸系列
成套双头梅花扳手	6件组	5.5×8, 10×12, 12×14, 14×17, 17×19（或19×22）, 22×24
	8件组	5.5×7, 8×10（或9×11）, 10×12, 12×14, 14×17, 17×19（或19×22）, 22×24, 24×27
	10件组	5.5×7, 8×10（或9×11）, 10×12, 12×14, 14×17, 17×19, 19×22, 22×24（或24×27）, 27×30, 30×32
	新5件组	5.5×7, 8×10, 13×16, 18×21, 24×27
	新6件组	5.5×7, 8×10, 13×16, 18×21, 24×27, 30×34

（三）两用扳手

两用扳手的一端与单头固定扳手相同，另一端与梅花扳手相同，两端适用于紧固或拆卸相同规格的螺栓、螺钉、螺母，其外形如图4-17所示。

图4-17 两用扳手

两用扳手的规格是指扳手的开口宽度或梅花对边尺寸距离（mm），其规格见表4-7。

表4-7 两用扳手的规格

单位：mm

规格类型		开口宽度（梅花对边距离）尺寸系列
单件扳手		5.5, 6, 7, 8, 9, 10, 11, 12, 13, 14, 15, 16, 17, 18, 19, 20, 21, 22, 23, 24, 25, 26, 27, 28, 29, 30, 31, 32, 33, 34, 36
成套扳手	6件组	10, 12, 14, 17, 19, 22
	8件组	8, 9, 10, 12, 14, 17, 19, 22
	10件组	8, 9, 10, 12, 14, 17, 19, 22, 24, 27
	新6件组	10, 13, 16, 18, 21, 24
	新8件组	8, 10, 13, 16, 18, 21, 24, 27

（四）活动扳手

活动扳手的开口宽度可以调节，可用于扳拧一定尺寸范围的六角或方头螺栓、螺钉、螺母，其外形如图4-18所示。

图 4-18　活动扳手

扳手规格是指首尾全长 × 最大开口宽度，如扳手上标有"200×4"字样，"200"表示扳手全长为 200mm，"24"表示扳手虎口全开时为 24mm，见表 4-8。

表 4-8　活动扳手的规格

单位：mm

扳手全长	100	150	200	250	300	375	450	600	650
最大开口宽度	13	14	24	28	34	45	55	60	65

活动扳手在使用时应根据所扳动的螺母、螺栓的规格大小来选择合适的扳手。扳手使用前应检查扳手的张合度、滑轨是否灵活，销子是否良好，虎口有无裂痕。根据螺栓或螺帽的规格将开口调到合适的尺寸，使松紧合适，活动扳唇与用力方向一致。活动扳手扳动较小的螺母时，应握在接近头部的位置，施力时手指可随时旋调蜗轮，收紧活动扳唇，以防打滑。扳动时扳手要用力拉动，不能推动，拉力的方向要与扳手的手柄成直角。在某些非推不可的场合时，要用手掌推，手指伸开，防止撞伤关节。

（五）内六角扳手

内六角扳手专门用于拆装各种内六角螺钉，其结构如图 4-19 所示，内六角扳手的规格见表 4-9。

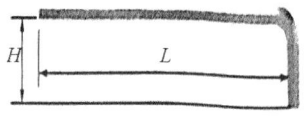

图 4-19　内六角扳手

表 4-9　内六角扳手的规格

单位：mm

公称尺寸 S	2	2.5	3	4	5	6	7	8	10	12	14	19	22	24	27	32	36
长脚长度 L	50	56	63	70	80	90	95	100	112	125	140	180	200	224	250	315	355
短脚长度 H	16	18	20	25	28	32	34	36	40	45	56	70	80	90	100	125	140

(六)套筒扳手

套筒扳手分手动套筒扳手和机动(电动、气动)套筒扳手两种,由各种套筒(工作头)、传动附件和连接附件组成。除具有一般扳手紧固和拆卸六角头螺栓、螺母的功能外,特别适用于工作空间狭小或深凹的场合。手动套筒扳手应用十分广泛,如图 4-20 所示。

图 4-20 套筒扳手

套筒扳手可分为小型、普通型和重型三种类型。

套筒扳手在使用时根据被拆装螺母选准规格,根据螺母所在位置大小选择合适的手柄,将套筒套在螺母上。拆装前必须把手柄接头安装稳定后才能用力,防止打滑脱落导致伤人,拆装过程中用力要平稳。

(七)钩形扳手

钩形扳手用于拆卸机床、车辆设备上的圆(锁紧)螺母,其外形如图 4-21 所示。

图 4-21 钩形扳手

钩形扳手的规格是指适用圆螺母的外径尺寸(mm),见表 4-10。

表 4-10 钩形扳手的规格

单位:mm

适用圆螺母的外径尺寸	22~26	28~32	34~36	38~42	45~52	55~62	68~72	78~85	90~95	100~110	115~130
扳手长度	120	130	140	150	170	190	210	230	250	270	290

（八）棘轮扳手

棘轮扳手利用棘轮机构可在旋转角度较小的工作场合进行操作，分为普通式棘轮扳手和可逆式棘轮扳手两种，其外形如图4-22所示。普通式棘轮扳手需要与方榫尺寸相应的直接头配合使用，可逆式棘轮扳手的旋转方向可正向或反向。

图4-22 棘轮扳手

（九）F形扳手

F形扳手由钢筋棍直接焊接而成，主要应用于阀门的开关操作中，是非常简单而好用的专用工具，其结构如图4-23所示。

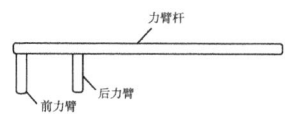

图4-23 F形扳手结构示意图

F形扳手规格通常为：两力臂距150mm、力臂杆长100mm、总长600～700mm。F形扳手在开压力较高的阀门时一定要开口朝外进行操作，以防止丝杠打出伤人。

（十）扳手使用注意事项

（1）扳手在使用时应根据被扳动对象以及尺寸选择合适的类型及规格。
（2）使用前应检查扳手及手柄有无裂痕，无裂痕方可使用。
（3）使用扳手时不能在手柄上接加力杠，防止超力比范围造成伤害。
（4）扳手用过后应及时擦洗干净。

三、螺钉旋具的分类及使用

螺钉旋具又称螺旋凿、起子、改锥或螺丝刀，它是一种紧固和拆卸螺钉的工具。螺钉旋具的样式和规格很多，常用的有一字形螺钉旋具、十字形螺钉旋具、夹柄螺钉旋具、多用螺钉旋具、内六角螺钉旋具。

（一）一字形螺钉旋具

一字形螺钉旋具用于紧固或拆卸一字槽螺钉、木螺钉。穿心式一字槽螺钉旋具能承受较大的扭矩，且可在尾部用手锤敲击使用；方形旋杆螺钉旋具还可用相应扳手夹住旋杆扳扭，以增大扭矩，其外形如图 4-24 所示。

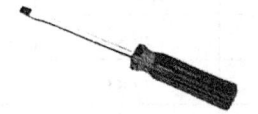

图 4-24　一字形螺钉旋具

一字形螺钉旋具规格用旋杆长 × 旋杆直径（mm）来表示。按照柄部结构可分为普通式和穿心式两种；按照材质可分为木柄和塑料柄；此外还有方形旋杆和短粗型旋具，其规格见表 4-11。

表 4-11　一字形螺钉旋具的规格

单位：mm

公称尺寸	公称尺寸	公称尺寸	公称尺寸	公称尺寸	公称尺寸	公称尺寸
50×3	75×4	50×5	100×6	100×7	125×8	125×9
65×3	100×4	65×5	125×6	125×7	150×8	250×9
75×3	150×4	75×5	—	150×7	200×8	300×9
100×3	200×4	200×5	—	—	250×8	350×9
150×3	150×4	250×5	—	—	—	—
200×3	—	300×5	—	—	—	—

（二）十字形螺钉旋具

十字形螺钉旋具用于拆装十字槽螺钉，其外形如图 4-25 所示。

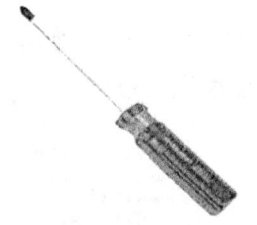

图 4-25　十字形螺钉旋具

十字形螺钉旋具规格用旋杆长 × 旋杆直径（mm）来表示，其规格见表 4-12。

表 4-12 十字形螺钉旋具的规格

单位：mm

公称尺寸	公称尺寸	公称尺寸	公称尺寸	公称尺寸
50×4	50×5	50×6	50×8	50×9
75×4	75×5	75×6	75×8	75×9
90×4	90×5	90×6	90×8	90×9
100×4	100×5	125×6	100×8	250×9
150×4	200×5	150×6	150×8	300×9
200×4	—	200×6	200×8	350×9
—		—	250×8	400×9

（三）夹柄螺钉旋具

夹柄螺钉旋具由于其能承受较大扭矩，除可用于紧固或拆卸一字槽形螺钉、木螺钉和自攻螺钉外，还可以在尾部敲击、在无电场合下作为凿子使用，其外形如图 4-26 所示。

图 4-26 防爆夹柄螺钉旋具

夹柄螺钉旋具的规格是指旋具全长（mm），常用的有 150mm，200mm，250mm，300mm 四种规格。

（四）多用螺钉旋具

多用螺钉旋具用于紧固或拆卸多种形式的带槽螺钉、木螺钉和自攻螺钉，并可钻木螺钉孔眼以及做试电笔用，其外形如图 4-27 所示。

图 4-27 多用螺钉旋具

多用螺钉旋具的规格是指旋具全长（mm），其规格为230mm。

（五）内六角螺钉旋具

内六角螺钉旋具用于紧固或拆卸内六角螺钉，其外形如图4-28所示。

图4-28　内六角螺钉旋具

内六角螺钉旋具的规格见表4-13。

表4-13　内六角螺钉旋具的规格

单位：mm

型号	T40				T30		
长度	100	150	200	250	125	150	200
旋头六角对边距	4、4.5、5、5.5、6、7、8、9、10、11、12、13、14						

（六）螺钉旋具使用注意事项

（1）螺钉旋具在使用时应根据螺钉槽选择合适的类型和规格，旋具的工作部分必须与槽形、槽口相配，防止破坏槽口。

（2）普通型旋具端部不能用手锤敲击，不能把旋具当凿子、撬杠或其他工具使用。

（3）使用旋具紧固或拆卸带电的螺钉时，手不得触及螺丝刀的金属杆，以免发生触电事故。

（4）为了防止螺钉旋具的金属杆触及皮肤或触及邻近带电体，应在金属杆上套上绝缘管。

（5）电工不可使用金属杆直通柄顶的螺钉旋具，否则，很容易造成触电事故。

（6）螺钉旋具的刀口使用日久变圆后，可以在磨石上修磨，切勿在砂轮机上打磨，以免退火失去刚性。

第二节 钳工工具

一、钳类工具的分类及使用

台虎钳是钳工常用工具,主要用于夹持中型工件、小型工件,以便进行锯割、凿削、锉削等操作。

(一)普通台虎钳

台虎钳又称台钳,是中型工件、小型工件凿削加工专用工具,普通台虎钳安装在钳工工作台上,用于稳定地夹持工件,以便钳工进行各种操作。台虎钳按钳体旋转性能可分为固定式台虎钳和转盘式台虎钳两种,常用的是固定式台虎钳,其结构如图4-29所示。

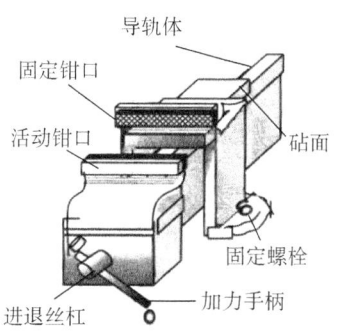

图4-29 台虎钳结构示意图

台虎钳由固定部分和活动部分组成。转动手柄,进退丝杠就可以带动活动钳口前后移动,固定钳口用螺栓固定在工作台上,工件放在两个钳口之间。旋转手柄就可紧固或松开工件。台虎钳的规格是以钳口最大宽度表示(mm)。固定式台虎钳规格有:50mm、75mm、100mm、125mm、150mm、175mm、200mm和300mm;活动式台虎钳规格有:75mm、100mm、125mm、150mm和200mm。

台虎钳使用注意事项:

(1)工件要夹在台虎钳钳口的中间,如果非使用钳口一边不可时,另一边要用与工件尺寸相应、硬度相近的物件支撑。

(2)工件若超出钳口太长,应将另一端支撑起来。

(3)夹持精致工件或软质金属时,应垫上软质衬垫。

(4)紧固工件时,不能在钳手柄上用加力管或用锤敲击。

(5)操作时防止敲击、锯、锉钳口。有砧座的虎钳,允许将工件放在上面做轻微的敲打。

(6)不能将虎钳当砧子用。

(7)对螺旋杆要保持清洁,经常加注润滑油。

(二)桌虎钳

桌虎钳与普通台虎钳相似,其特点是钳体轻便、安装场地随意性大、移动方便,适于夹持小型工件进行操作加工,因多固定在桌面边缘而得名,其外形如图4-30所示。桌虎钳的规格是以钳口最大宽度表示(mm)。常用的桌虎钳有40mm、50mm、60mm和65mm四种规格。

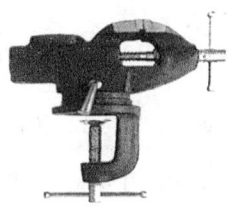

图4-30 桌虎钳

(三)手虎钳

手虎钳作为一种手持工具,可以用来夹持轻巧小型工件,并进行操作。凡是不能握持的小型工件,均可以用它来夹,其外形如图4-31所示。手虎钳的规格是以钳口最大宽度表示(mm)。常用的手虎钳有25mm、30mm、40mm和55mm四种规格。

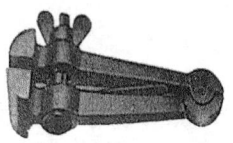

图4-31 手虎钳

二、钻类工具的分类及使用

电钻是常用的电动工具,用于在工件上钻孔。电钻分为手电钻和台式电钻两种。

(一) 手电钻

手电钻是用来对金属或工件进行钻孔的电动工具。常用的手电钻有手枪式手电钻和手提式手电钻两大类,手电钻的特点是自重较小,携带方便,使用灵活,尤其在检修工作中使用广泛,如图 4-32 所示。

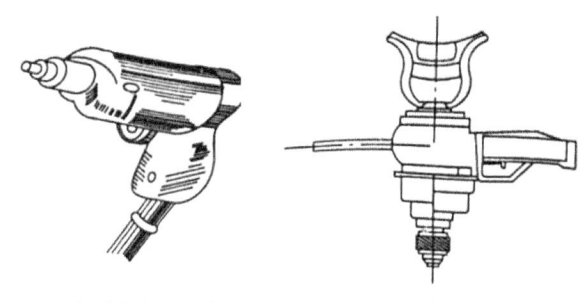

(a) 手枪式手电钻　　　　(b) 手提式手电钻

图 4-32　手电钻示意图

单相(220V)电钻,按钻孔直径划分有 6mm 和 10mm 手握式电钻,13mm 和 19mm 手提式电钻;三相(380V)的,按钻孔直径划分有 13mm、19mm、23mm、32mm、48mm 等规格。手电钻使用注意事项:

(1) 手电钻由工人直接手持操作,应特别注意用电安全。

(2) 使用前要检查外壳接地是否可靠。

(3) 通电后要检查外壳是否带电。

(4) 操作时应戴橡皮手套(低压及双层绝缘的手电钻除外),穿电工鞋或站在绝缘板上,以防触电。

(二) 台式电钻

常用的钻床有台式钻床(台钻)、立式钻床(立钻)、摇臂钻床三种,其结构如图 4-33 所示。

第四章 常用工具用具

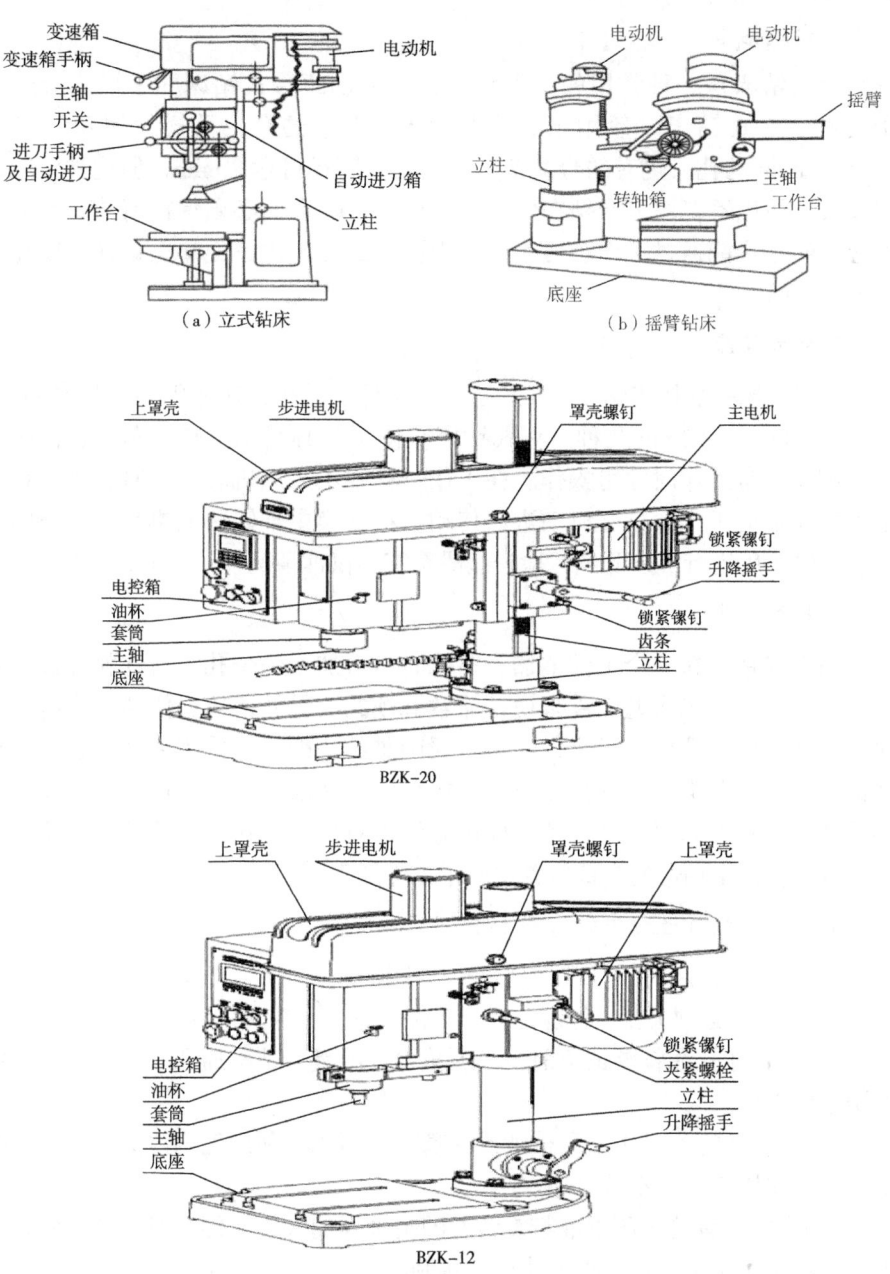

(a) 立式钻床

(b) 摇臂钻床

(c) 台式转床

图 4-33 常用钻床结构示意图

1. 台式钻床

台式钻床是一种常用的小型钻床，分电动式台式钻床和手摇式台式钻床两种。台式钻床一般用来钻直径 12mm 以下的孔，手摇封闭台钻可钻 1.5～13mm 的孔，也有的台式钻床最大钻孔直径可达 20mm，但这种钻床体积较大，使用不普遍。台钻在使用过程中，工作台面必须保持清洁，钻通孔时必须使钻头能通过工作台面上的让刀孔，或在工件下面垫上垫铁，以免钻坏工作台面。

2. 立式钻床

立式钻床一般用来钻中型工件、小型工件上的孔，其钻孔直径为 25mm、35mm、40mm、50mm 几种。立式钻床在使用前必须先空转试车，在钻床各机构都能正常工作时才可操作。在工作过程中不采用机动进给时，必须将三星手柄端盖向里推，断开机动进给传动。在变换主轴转速或机动进给量时，必须在停车后进行。还要经常检查润滑系统的供油情况。

3. 摇臂钻床

用立式钻床在一个工件上加工多孔时，每加工一个孔，工件就要移动找正一次，对于加工大型工件来说是非常麻烦的。另外，还要使钻头中心准确地与工件上的钻孔中心重合，这也是很困难的。因此，采用主轴可移动的摇臂钻床来加工这类工件就比较方便。摇臂钻床在加工多孔工件时，只要调整摇臂和主轴箱在摇臂上的位置，即可方便地对准中心孔。摇臂还可沿着立柱上下升降，使主轴箱的高低位置适合于工件加工。

4. 钻床在操作过程中的注意事项

（1）操作钻床时不可戴手套，袖口必须扎紧，女工必须戴工作帽。

（2）工件必须夹紧，特别是在小工件上钻直径较大的孔时装夹必须牢固。

（3）钻通孔在将要钻穿前，必须减少进给量。钻不通孔时，要按钻孔深度调整好挡块。

（4）钻孔时不可用手和棉纱或用嘴吹铁屑，必须用毛刷清除，钻出长条切屑时，要用钩子钩断后清除。

（5）操作者的头部不准与旋转着的主轴靠的太近，停车时应让主轴自然停止，不可用手去刹住，也不能用反转制动。

（6）严禁在开车状态下装拆工件；检查工件和变换主轴转速时，必须在停车状态下进行。

（7）清洁钻床或加注润滑油时，必须切断电源。

三、锤类工具的分类及使用

锤子又称榔头、手锤，常用于矫正小型工具、打样冲和敲击錾子进行切削以及切割等。

锤子分为硬锤子和软锤子。硬锤子一般是钢铁制品，软锤子一般是铜锤、铝锤、木锤、橡胶锤等。锤子由锤头和木柄组成，锤子的规格是以锤头质量来表示（kg），英制单位为磅。常用的锤子有斩口锤、圆头锤和钳工锤等。

（一）斩口锤

斩口锤用于对金属板或皮制品表面平整及翻边等，其外形如图 4-34 所示。常用的斩口锤有 0.0625kg、0.125kg、0.25kg 和 0.5kg 四种规格。

图 4-34　斩口锤

（二）圆头锤

圆头锤用于钳工、锻工、钣金工、安装工等敲击工件或整形，其外形如图 4-35 所示。

图 4-35　圆头锤

常用的圆头锤有 0.11kg、0.22kg、0.34kg、0.45kg、0.68kg、0.9kg、1.13kg 和 1.36kg 等规格。

(三)钳工锤

钳工锤供钳工、锻工、安装工、冷作工维修装配工作时敲击或整形用,其外形如图 4-36 所示。

图 4-36 钳工锤

常用的钳工锤有 0.1kg、0.2kg、0.3kg、0.4kg、0.5kg、0.6kg、0.8kg、1.0kg、1.5kg 和 2.0kg 等规格。

(四)手锤的使用方法及注意事项

1. 手锤的使用方法

市场供应为连柄和不连柄两种手锤。木柄装入锤头中必须稳固可靠,防止脱落伤人,为此装木柄的锤孔要做成椭圆形,两端大、中间小,木柄敲入孔中后打入楔子,使锤头不易脱出。手柄长度一般为 300mm 左右,太长操作不方便,太短弹力不够。锤子使用时要注意两点:一是握锤,二是挥锤。

(1)握锤方法:握锤分紧握和松握两种。紧握法是用右手握手锤,五指满握,大拇指轻压在食指上,虎口对准锤头方向,木柄尾端露出手掌 15~30mm。松握法是只用大拇指和食指始终握紧锤柄。

(2)挥锤方法:挥锤的方法有手挥、肘挥和臂挥三种。手挥只有手腕的运动,锤击力小。肘挥是用腕和肘一起挥锤,其锤击力较大,应用最广泛。臂挥是用手腕、肘和全臂一起挥动,其锤击力最大。

2. 手锤使用注意事项

(1)根据工作需要,选择合适的类型和规格。

(2)手锤的锤柄安装不好,会直接影响操作。因此,安装手锤时,要使锤柄中线与锤头中线垂直,然后打入锤楔,以防使用时锤头脱出发生意外。

(3)操作空间要够用,工具要握牢,人要站稳。

(4)使用手锤时右手应握在木柄的尾部才能使出较大的力量。在锤击时,用力要均匀,落锤点要准确。

四、锯、锉、刮工具的规格及使用

(一) 手钢锯

手钢锯是用来进行手工锯割金属管子或工件的工具。手钢锯由锯弓和锯条两部分组成,有可调式手钢锯和固定式手钢锯两种,其结构如图4-37所示。

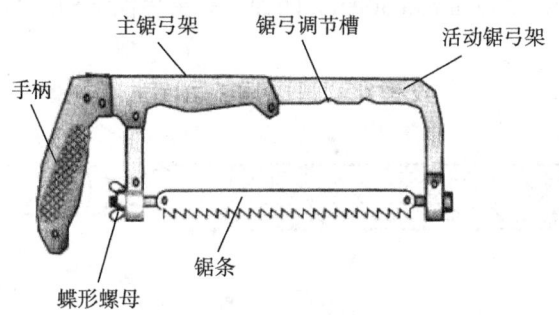

图4-37 手钢锯结构示意图

调节式手钢锯有200mm、250mm、300mm三种规格,固定式是300mm。常用的锯条规格是300mm,锯条按锯齿粗细分为三种:锯条每英寸长度内粗齿(18齿)、中齿(24齿)、细齿(32齿)。粗齿锯条齿距大,适合锯割软质材料或厚的工件;细齿锯条齿距小,适合锯割硬质材料。一般来说,粗齿锯条适用于锯割铜、铝、铸铁、低碳钢和中碳钢等;中齿锯条适用于锯割钢管、铜管、高碳钢等;细齿锯条适用于锯割硬钢、薄管子、薄板金属等。

手钢锯在前推时才起到切削作用,因此安装锯条时应使齿尖的方向朝前。在调节锯条松紧时,蝶形螺母不宜旋得太松或太紧,太紧时锯条受力太大,在锯割中用力稍有不当,就会折断;太松时锯条容易扭曲,也容易折断,而且锯出的锯缝容易歪斜。其松紧程度可用手扳动锯条,以感觉硬实即可。锯条安装后,要保证锯条平面与锯弓中心平面平行,不得倾斜和扭曲,否则,锯割时割缝极易歪斜。

手钢锯使用注意事项如下:

(1) 锯条要安装松紧适当,锯割时不要突然用力过猛,防止工作中锯条折断从锯弓上崩出伤人。

(2) 当锯条局部的锯齿崩裂后,应及时在砂轮机上进行修整。

(3) 工件将要锯断时,压力要小,避免因压力过大而使工件突然断开,使手向前冲造成事故,一般工件将要锯断时,要用左手扶住工件断开部分,避免掉下砸伤脚。

（二）锉刀

锉刀是用来手工锉削金属表面的一种钳工工具。锉刀由锉身和锉柄两部分组成。按锉刀断面形状来分，有齐头扁锉、尖头扁锉、方锉、圆锉、半圆锉、三角锉等几种；按锉刀工作部分的锉纹密度（每10mm长度内的主锉纹数目）来分，有1号、2号、3号、4号、5号五种等级；按锉刀长度可分为100mm、150mm、250mm和300mm四种。齐头扁锉结构如图4-38所示。

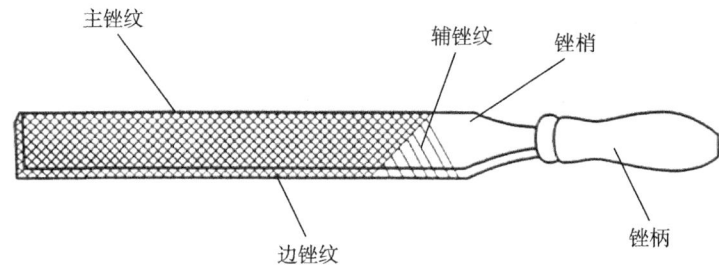

图4-38 齐头扁锉的结构示意图

锉刀的粗细规格是按锉刀齿纹的齿距大小来表示的，其粗细等级分为5种，其规格见表4-14。

表4-14 锉刀的粗细规格等级表

单位：mm

等级	粗细规格	齿距
1号	粗锉刀	2.3～0.83
2号	中粗锉刀	0.77～0.42
3号	细锉刀	0.33～0.25
4号	双细锉刀	0.25～0.2
5号	油光锉	0.2～0.16

每种锉刀都有一定的用途，如果选择不当，就不能充分发挥它的效能，甚至会导致锉刀过早地丧失切削能力。应根据被锉削工件表面形状和大小选用锉刀的断面形状和长度。锉刀的粗细规格，决定于工件材料的性质、加工余量的大小、加工精度和表面粗糙度的高低。例如，粗锉刀由于锯齿较大不易堵塞，一般用于锉削铜、铝等软金属及加工余量大、精度低和表面粗糙的工件；而细锉刀则用于锉削钢、铸铁以及加工余量小、精度要求高和表面粗糙度低的工件；油光锉用于最后修光工件表面。

1. 锉刀使用方法

锉削平面的方法有两种：一是顺向锉，二是交叉锉。

（1）顺向锉。锉刀运动方向与工件夹持方向始终一致，在锉宽平面时，为使整个加工表面能均匀地锉削，每次退回锉刀时应做适当的横向移动。顺向锉的锉纹整齐一致，比较美观，这是最基本的锉削方法。

（2）交叉锉。锉刀运动方向与工件夹持方向成30°～40°，且锉纹交叉。由于锉刀与工件的接触面大，锉刀容易掌握平稳，同时，从锉痕上可以判断出锉削面的高低，便于不断地修整锉削部位。交叉锉法一般适用于粗锉，精锉时必须采用顺向锉，使锉痕变直，纹理一致。

（3）平面锉削时产生平面不平的形式和原因见表4-15。

表4-15 锉削平面不平的形式和原因

形式	产生原因
平面中凸	（1）锉削时双手的用力不能使锉刀保持平衡； （2）锉刀在开始推出时，右手压力太大，锉刀被压下，锉刀推到前面，左手压力太大，锉刀被压下，形成前、后面多锉； （3）锉削姿势不正确； （4）锉刀本身中凹
对角扭曲或塌角	（1）左手或右手施加压力时重心偏在锉刀的一侧； （2）工件未夹正确； （3）锉刀本身扭曲
平面横向中凸或中凹	锉刀在锉削时左右移动不均匀

2. 锉刀使用注意事项

（1）新锉刀要先使用一面，用钝后再使用另一面。

（2）在锉削时，应充分使用锉刀的有效长度，既提高了锉削效率，又可避免锉齿局部磨损。

（3）不可锉毛坯件的硬皮和经过淬火的工件。

（4）铸件表面如有硬皮，应先用砂轮磨去或用旧锉刀锉去，然后再进行正常锉削加工。

（5）锉削时锉刀不能撞击到工件，以免锉刀柄脱落造成事故。

（6）没有装柄的锉刀、锉刀柄已经裂开的锉刀或没有锉刀柄箍的锉刀不可使用。

（7）如锉屑嵌入齿缝内，必须及时用钢丝刷沿着锉齿的纹路进行清除。在锉削时不能用嘴吹锉屑，也不能用手擦摸锉削表面。

（8）锉刀不可作为撬杠或手锤使用。

（9）锉刀上不可沾油或沾水，锉刀使用完毕必须清刷干净，以免生锈。

（10）在使用过程中或放入工具箱时，不可与其他工具或工件堆放在一起，也不可与其他锉刀互相重叠堆放，以免损坏锉齿。

（三）刮刀

刮刀是在金属表面进行修整与刮光用的工具。刮削时，由于工件的形状不同，因此要求刮刀有不同的形式。刮刀一般可分为平面刮刀和曲面刮刀两大类。

平面刮刀用于刮削平面和刮花，一般多采用 T12A 钢制成。当工件表面较硬时，也可以焊接高速钢或硬质合金刀头。常用的平面刮刀有直头刮刀和弯头刮刀两种，弯头刮刀因其头部较薄、呈弯曲状，头部与刀体部分具有一定的弹性，使得刮削省力，适用于大面积轻力刮削，工件可达较高精度；曲面刮刀用于刮削内曲面，常用的刮刀有三角刮刀、蛇头刮刀和柳叶刮刀。三角刮刀用于刮削工件上的油槽、内孔表面及边缘。三角刮刀外形如图 4-39 所示。

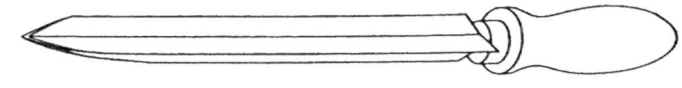

图 4-39　三角刮刀外形图

刮刀规格以长度（不带柄）表示，有 100mm、125mm、150mm、175mm、200mm 和 250mm 等规格。

1. 刮削方法

刮削方法可分为手刮法和挺刮法。采用手刮法时右手握刀柄，左手四指向下蜷曲握住刮刀近头部约 50mm 处，刮刀与被刮削表面成 20°～30°。同时，左脚前跨一步，上身随着往前倾斜，增加左手压力，也容易看清刮刀前面点的情况。刮削时右手随着上身前倾，使刮刀向前推进，左手下压，落刀要轻，同时当推进到所需要的位置时，左手迅速提起，完成一个手刮动作。手刮法动作灵活，适应性强，应用于各种工作位置，对刮刀长度要求不太严格，姿势可合理掌握，但是手较易疲劳，所以不适用于加工余量较大的场合。挺刮法是将刮刀柄放在小腹右下侧，右手并拢握在刮刀前部距刀刃 80mm 处，刮削时刮刀对准研点，左手下压，利用腿部和臀部力量，使刮刀向前推挤，在推动后的瞬间，同时双手将刮刀提起，完成一次刮点。

2.刮刀使用注意事项

（1）因为在刮削时用力较大，为防止柄部脱落或断裂造成伤害，刮刀应装有牢固光滑的手柄。

（2）刮刀在不使用时，应放在不易坠落部位，防止掉落时伤人以及损坏刮刀。

（3）被刮削的工件一定要稳固牢靠，高度位置适宜人员操作，不允许被刮削的工件有移动、滑动的现象。

（4）不要将刮刀与其他手工具放在一个工具袋中，应单独妥善保管。

五、划线工具的分类及使用

（一）划线规

划线规用于在待加工的工件上划出加工的直线、圆弧及角度等，以便于加工，也可用以量取尺寸长度及等分线段。

划线规分普通式划线规和弹簧式划线规两种，其外形如图 4-40 所示，规格见表 4-16。

（a）普通式　　　　　（b）弹簧式

图 4-40　划线规

表 4-16　划线规规格

单位：mm

划规长度	160	200	250	320	400	500
最大开度	200	280	350	430	520	620
厚度	9	10	10	13	16	16

(二)划规

划规用在工件上划圆、分角度、排孔眼等,其外形如图 4-41 所示。

图 4-41 划规

划规的规格是指划规的全长(mm),其规格见表 4-17。

表 4-17 划规的规格

单位:mm

脚杆长度	普通式	100	150	200	250	300	350	400	450
	弹簧式	—	150	200	250	300	350	—	—

划规使用注意事项:

脚尖要保持尖锐靠紧,旋转脚施力要大,划线角施力要轻。划规两脚的长短要磨得稍有不同,而且两脚合拢时脚尖能靠紧,这样才可划出尺寸较小的圆弧。划规的脚尖应保持尖锐,以保证划出的线条清晰。用划规划圆时,作为旋转中心的一脚应加以较大的压力,另一脚则以较轻的压力在工件表面上划出圆或圆弧,这样可使中心不致滑动。

六、螺纹切削工具的分类及使用

用丝锥在孔中切削出内螺纹称为攻螺纹;用板牙在工件上切削出外螺纹称为套螺纹。

(一)丝锥与绞手

丝锥是加工普通内螺纹用的切削工具。按加工螺纹的种类不同可分为:普通三角螺纹丝锥、圆柱管螺纹丝锥和圆锥管螺纹丝锥三种;按加工方法分机用丝锥和手用丝锥。机用丝锥通常是指高速钢磨牙丝锥,其螺纹公差带为

H1、H2、H3 三种。手用丝锥是碳素钢或合金工具钢的滚牙（或切牙）丝锥，螺纹公差带为 H4。

绞手是用来装夹丝锥的工具，有普通绞手和丁字绞手两类。丁字绞手主要用在攻工件凸台旁的螺孔或机体内部的螺纹。各类绞手有固定式和活络式两种。固定式绞手常用于攻 M5 以下的螺孔，活络式绞手可以调节方孔尺寸。绞手长度应根据丝锥尺寸大小选择，以便控制一定的攻螺纹扭矩。其外形如图 4-42 所示。

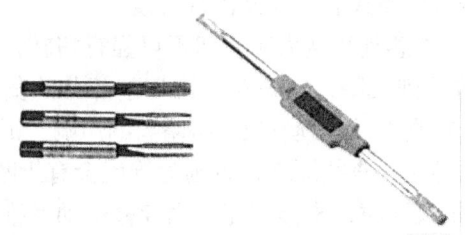

图 4-42　丝锥与绞手

绞手的规格是指绞手的全长（mm），见表 4-18。

表 4-18　绞手的规格

单位：mm

绞手全长	130	180	230	280	380	480	600
适用丝锥公称直径	2～4	3～6	3～10	6～14	8～18	12～24	16～27

手攻螺纹时应注意以下事项：

（1）工件装夹要正，一般情况下，应将工件要攻螺纹的一面置于水平或垂直的位置。这样在攻螺纹时，就能够比较容易地判断丝锥垂直于工件的方向并保持。

（2）在开始攻螺纹时，尽量把丝锥放正，然后一只手压住丝锥的轴心方向，另一只手轻轻转动绞杠。当丝锥旋转后，从正面和侧面观察丝锥是否与工件平面垂直，必要时可用 90°角尺进行校正。一般在攻 3～4 圈螺纹后，丝锥的方向就可基本确定。如果开始螺纹攻得不正，可将丝锥旋出，用二锥加以纠正，然后再用头锥攻。当丝锥的切削部分全部进入工件时，就不需要再施加轴向力，靠螺纹自然旋进即可。

（3）在攻螺纹过程中，对塑料材料来说，要保证足够的切削液。

（4）攻螺纹时，每次扳转绞杠，丝锥旋进不应太多，一般每次旋进

1/2～1圈为宜。M5以下的丝锥一次旋进不得大于半圈。加工细牙螺纹或精度要求高的螺纹时，每次的进给量还要减少。攻铸造的速度可比攻钢材快一些。每次旋进后，再倒转约旋进的1/2的行程。攻较深的螺纹孔时，回转行程还要大一些，并需反复拧转几次，这样可折断切屑，有利于排屑，减少切削刃粘屑现象，以保持锋利的刃口。同时使切削液顺利地流入切削部位，起冷却和润滑作用。

（5）扳转绞杠时，两手用力要平衡。切忌用力过猛和左右晃动，否则容易将螺纹牙型撕裂和导致螺纹孔扩大及出现锥度。

（6）攻螺纹中，如感到很费力时，切不可强行扭转，应将丝锥倒转，使切屑排除，或用二锥攻削几圈，以减轻头锥切削部分的负荷，然后再用头锥继续攻。如继续攻仍很吃力或继续发出"咯咯"的声响，则说明切削不正常，或丝锥磨损，应立即停止，查找原因，否则丝锥就会有折断的危险。

（7）攻不通的螺纹孔时，末锥攻完，用绞杠带动丝锥倒旋松动后，应用手将丝锥旋出，不宜用绞杠旋出丝锥，尤其不能用一只手快速拨动绞杠来旋出丝锥。因为攻完的螺纹孔和丝锥配合较松，而绞杠又重，若用绞杠旋出丝锥，容易产生摇摆和振动，从而降低表面质量。

攻通孔螺纹时，丝锥的校准部分不应全部出头，以免扩大和损坏最后几扣螺纹。螺纹孔攻完后，应参照上述方法旋出丝锥。

（8）用成组丝锥攻螺纹时，在头锥攻完以后，应先用手将二锥或三锥旋进螺纹孔内，一直到旋不动时，才能使用绞杠操作，防止前一丝锥攻的螺纹产生乱扣现象。

（9）攻不通的螺纹时，经常要把丝锥退出，将切屑清除，以保证螺纹孔的有效长度，攻完后也要将切屑清除干净。

（10）攻M16以下的螺纹孔时，如工件不大，可用一只手拿着工件，另一只手拿着绞杠，这样可避免丝锥折断。

（11）丝锥用完后，要擦洗干净，涂上机械油，隔开放好，妥善保管，不应混装在一起，以免将丝锥刃口碰伤。

（二）板牙与板牙架

板牙是加工外螺纹的工具，它用合金工具钢或高速钢制成并经淬火处理，其外形如图4-43所示。板牙由切削部分、校准部分和排屑孔组成。它本身就像一个圆螺母，在上面钻出几个排屑孔而形成刀刃。板牙的中间是校准部分，也是套螺纹时的导向部分。因板牙的校准部分磨损会使螺纹尺寸变大而超出公差范围。因此，为延长板牙的使用寿命，M3.5以上的圆板牙，其外圆上有一条V形槽，起到调节板牙尺寸的作用。当尺寸变大时，将板牙沿V形槽用锯片砂轮切割出一条通槽，用绞杠上的两个螺钉顶入板牙上面的两个偏心的锥孔坑内，使圆板牙尺寸缩小，其调节范围为0.1～0.5mm。上面两个锥坑之所以要偏心，是为了使紧固螺钉拧紧时与锥坑单边接触，使板牙尺寸缩小。若在V形槽开口处旋入螺钉，还能使板牙尺寸增大。板牙下部两个通孔中心的螺钉孔，是用紧定螺钉固定板牙柄传动扭矩的。板牙两端都有切削部分，待一端磨损后，可更换另一端使用。

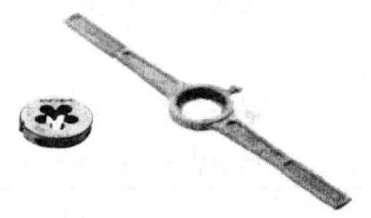

（a）板牙　　（b）板牙架

图 4-43　板牙与板牙架

板牙架用于装夹板牙，在工件上手工铰制外螺纹。板牙放入后，用螺钉紧固。板牙架的规格见表 4-19。

表 4-19　板牙架的规格

单位：mm

适用圆板牙尺寸			适用圆板牙尺寸			适用圆板牙尺寸		
外径	厚度	加工螺纹直径	外径	厚度	加工螺纹直径	外径	厚度	加工螺纹直径
16	5	1～2.5	38	10, 14	12～15	75	20, 30	39～42
20	5, 7	3～6	45	16, 18	16～20	90	22, 36	45～52
25	9	7～9	55	16, 22	22～25	105	22, 36	55～60
30	10	10～11	65	18, 25	27～36	120	22, 36	64～68

套螺纹与攻螺纹一样，切削过程中也有挤压作用，因此，圆杆直径要小于螺纹大径。为了使板牙起套时容易切入工件并正确的引导，圆杆端部要倒角。

1. 套丝的方法

（1）套丝时的切削力矩较大，且工件都为圆杆，一般要用V形夹块或厚铜衬作衬垫,能保证可靠夹紧。

(2)起套方法与攻丝起攻方法一样,用一手手掌按住绞手中部,沿圆杆轴向施加压力,另一手配合顺向切进,转动要慢,压力要大,并保证板牙端面与圆杆轴线的垂直度,不能歪斜。在板牙切入圆杆2～3牙时,应及时检查其垂直度并作准确校正。

(3)正常套丝时,不要加压,让板牙自然引进,以免损坏螺纹和板牙。要经常倒转断屑。

(4)在钢件上套丝时要加切削液,以减少加工螺纹的表面粗糙度值,延长板牙使用寿命,一般可用机油或较浓的乳化液,要求高时可用工业植物油。

2.套螺纹时产生废品的原因

套螺纹时产生废品的原因见表4-20。

表4-20 套螺纹时产生废品的原因

废品形式	产生原因
烂牙	(1)圆杆直径太大; (2)圆板牙太钝; (3)套螺纹时圆板牙没有经常倒转; (4)绞手掌握不稳,套螺纹时圆板牙左右摇摆; (5)圆板牙歪斜太多,套螺纹时强行修正; (6)用带调整槽的板牙套螺纹时,第二次套螺纹圆板牙没有与已切出的螺纹旋合就强行套螺纹; (7)未采用合适的切削液
螺纹歪斜	(1)圆板牙端面与圆杆不垂直; (2)用力不均匀,绞手歪斜
螺纹中径小(牙型瘦)	(1)由于圆板牙端面与圆杆不垂直而多次纠正,使部分螺纹切去过多; (2)圆板牙已切入,仍施加压力

七、其他钳工工具的规格及使用

(一)顶拔器

顶拔器又称拉马、拔轮器,是用于拆卸装在传动轴上的轴承、皮带轮及齿轮、凸轮、连接器等机械零件的一种工具。

顶拔器有2爪和3爪两种,其外形如图4-44所示,其规格见表4-21。

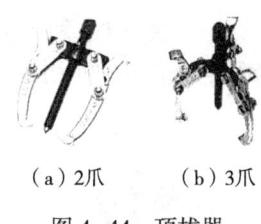

（a）2爪　　（b）3爪

图 4-44　顶拔器

表 4-21　顶拔器的规格

最大受力处外径, mm	100	150	200	250	300	350
2 爪顶拔器最大拉力, kN	10	18	28	40	54	72
3 爪顶拔器最大拉力, kN	15	27	42	60	81	108

顶拔器的使用方法及注意事项如下：

（1）根据被拔轮规格的大小及安装位置情况，选择合适的顶拔器。

（2）用扳手将加力杠卸到适当位置后，将 3 爪挂在皮带轮边缘上，用手扶住，迅速紧加力杠，丝杠前尖端顶在电动机轴上待 3 爪吃力时，松开扶住的手。

（3）用一个撬棍插与 3 爪之间别在设备基础上，用扳手等专用工具用力紧丝杠，直至皮带轮被拔出为止。

（二）撬杠、线锤、铜棒

（1）撬杠是用以撬起、迁移、活动物体的工具（图 4-45），可根据具体情况采用长短大小不同的撬杠。长的为 1.6m，短的为 0.5m。操作时，撬杠应放在身体一侧，两腿叉开，两手用力。不准站在或骑在撬杠上面工作，也不准将撬杠放在肚子下，以防发生事故。

图 4-45　撬杠

（2）线锤在建筑测量工作时，作垂直基准线用，也用于机械安装中。通常用铁或黄铜车制而成，铁制的常镀有不锈层。线锤为锥形体，在锥底圆心处有螺纹连接的接头，用蜡线连接接头即可使用，外形如图 4-46 所示。其规格是以重量分,常用为 0.5kg 以下。使用线锤时要检查接头螺纹是否完好,线锤是否为一正圆锥,防止线锤顶尖碰伤。使用后应擦拭干净,用布包好放入工具箱内保管。

图 4-46 线锤

(3)铜棒是集输工操作中常用的防爆工具。按材质可分为纯铜棒、黄铜棒、白铜棒和青铜棒。常用纯铜棒,因其硬度较低,常作为间接的敲击工具,以保护被敲击件。

(三)錾子

錾子一般用碳素工具钢(T7A)锻成,将切削部分刃磨成楔形,经热处理后使其硬度达到 HRC56~62。錾子的切削部分由前刀面、后刀面以及它们的交线形成的切削刃组成。

錾子的种类有以下三种:

(1)扁錾(阔錾),主要用于去除凸缘、毛边和分割材料等,如图 4-47(a)所示。

(2)狭錾(尖錾),主要用来錾削沟槽及分割曲线形板料,如图 4-47(b)所示。

(3)油槽錾,常用来錾切平面或曲面上的油槽,如图 4-47(c)所示。

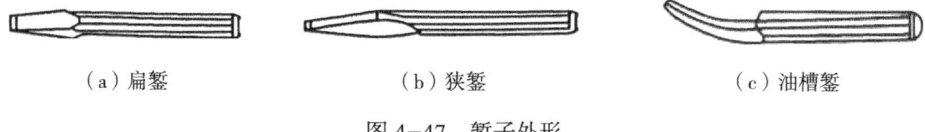

(a)扁錾　　　　　　(b)狭錾　　　　　　(c)油槽錾

图 4-47 錾子外形

錾子头部有明显毛刺时要及时除掉,以免碎裂伤手。在錾削过程中要防止錾切碎屑飞出伤人,工作地点周围应装有安全网,操作者应戴上防护眼镜。錾子使用损坏原因见表 4-22。

表 4-22 錾子损坏的原因

损坏形式	原因
錾子卷刃	（1）錾子硬度低； （2）楔角太小，錾削强度低； （3）錾削量太大
切削刃崩口	（1）工件硬度太高或硬度不均匀； （2）錾子强度太高，回火不好； （3）锤击力过猛，錾子打滑

第三节 管工工具

一、管子台虎钳的规格及使用

管子台虎钳又称为压力钳。用于夹持并旋转各种金属管子及其他圆柱形工件和管路附件，使其紧固或拆卸，是管路安装和维修的常用工具，其结构如图 4-48 所示。

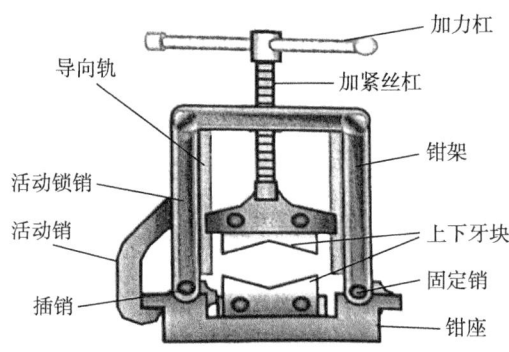

图 4-48　管子台虎钳结构示意图

管子台虎钳的规格按照夹持管子的最大外径来划分，其规格见表 4-23。

表 4-23　管子台虎钳的规格

单位：mm

型号	夹持管子的最大外径	型号	夹持管子的最大外径
1	10～60	4	15～165
2	10～90	5	3～220
3	15～115	6	30～300

管子台虎钳的使用方法及注意事项如下：

（1）使用前应检查压力钳三脚架及钳体，将三脚架固定牢靠。

（2）使用时，一定要牢固垂直固定在工作台上，固定后下钳口要牢固可靠，上钳口要移动自由。

（3）脆性或软的管件要用布或铜皮垫在夹持部位，夹持不应过紧。

（4）夹压管子时，不能用力过猛，应逐步旋紧，防止夹扁管子或使钳牙吃管子太深，不能用锤击和加装套管旋转螺杆。

（5）夹持长管子，应在管子尾部用十字架支撑。
（6）若长期停用，要去污擦净并涂油存放。

二、管子钳的规格及使用

管子钳通常称为管钳，是用于紧固或拆卸金属管和其他圆柱形零件，管路安装和修理工作常用工具。管子钳分张开式和链条式两种，链条式管子钳应用在较大规格金属管子的安装和拆卸上，常用的是张开式管子钳，由钳柄、套夹和活动钳等组成，其结构如图4-49所示。

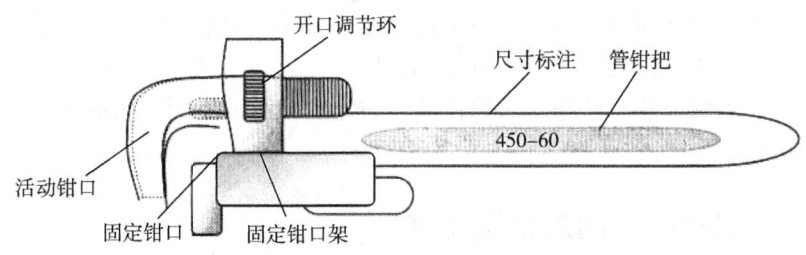

图4-49　张开式管子钳结构示意图

管子钳可分为轻型、普通型和重型，其规格是管钳最大咬合开口时整体长度（mm）。管子钳规格见表4-24。

表4-24　管子钳的规格

规格，mm		150	200	250	300	350	450	600	900	1200
最大夹持管径，mm ≤		20	25	30	40	50	60	75	85	110
实验扭矩，N·m	轻型	98	196	324	490	—	—	—	—	—
	普通型	105	203	340	540	650	920	1300	2260	3200
	重型	165	330	550	830	990	1440	1980	3300	4400

管钳的使用方法如图4-50所示。

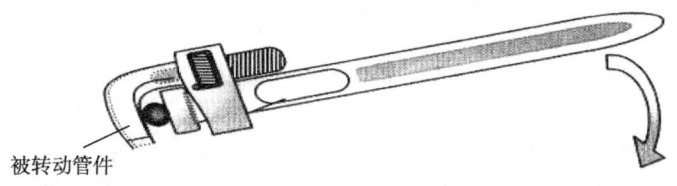

图4-50　管子钳的使用示意图

管子钳的使用注意事项如下：

（1）使用管钳时应先检查固定销钉是否牢固，钳柄、钳头有无裂痕，有裂痕者不能使用。

（2）使用管钳时两手动作应协调，松紧应合适，防止打滑。

（3）较小的管钳不能用力过大，不能加加力杠使用。

（4）使用管钳时，管钳开口方向应与用力方向一致。

（5）钳柄末端高出使用者头部时，不要用正面拉吊的方法扳动钳柄。

（6）管钳不得用于拧紧六角头螺栓和带棱的工件。

（7）不能将管钳当榔头或撬杠用。

（8）装卸地面管件时，应一手扶管钳头一手按钳柄，按钳柄的手指应平伸，管钳头不能反使，操作时顺时针使用。

（9）用后应及时洗净、涂抹黄油，防止旋转螺母生锈；用后放回工具架或工具箱内。

三、管子割刀的规格及使用

管子割刀用于切割各种金属管、软金属管及硬塑料管，其结构如图4-51所示。

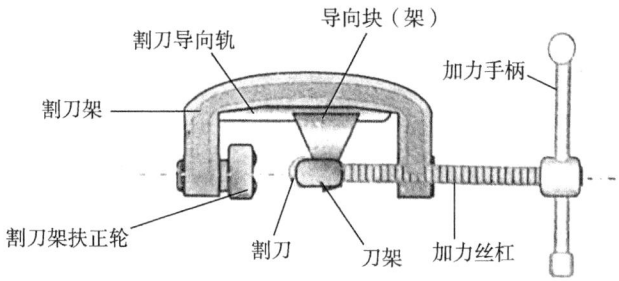

图4-51 管子割刀结构示意图

管子割刀规格见表4-25。

表 4-25　管子割刀的规格

规格	全长，mm	割管范围，mm	割管最大壁厚，mm	质量，kg
1	130	5～25	1.2～2（钢管）	0.3
	310		5	0.75，1
2	380～420	12～50	5	2.5
3	520～570	25～75		5
4	630	50～100	5	4
	1000			8.5，10

管子割刀的使用方法及注意事项如下：

（1）根据被割管子的尺寸选择适当规格的管子割刀，以免刀片与滚轮之间的最小距离小于该规格管子割刀的最小割管尺寸，导致滑块脱离主体导轨。

（2）切割管子时，割刀片和滚子与管子应成垂直角度，以防止刀片刀刃崩裂。

（3）割刀初割时，进刀量可稍大些，以便割出较深的刀槽，防止刀片刃崩裂，以后各次进刀量应逐渐减小，每转动1～2周，进刀一次，但进刀量不宜过大，并应对切口处加油。

（4）使用时，管子割刀各活动部分和被割管子表面，均须加少量的润滑油，以减少摩擦。

（5）当管子快要切断时，即应松开割刀，取下割管器，然后折断管子，严禁一割到底。

（6）割刀使用完后，应除净油污，妥善保管，长期不用应涂油。

四、管螺纹铰板的规格及使用

管子铰板是一种在圆管（棒）上切削出外螺纹的专用工具。管螺纹铰板分普通型和轻便型两种。铰板主要是由板牙和绞手组成，其结构如图4-52所示。

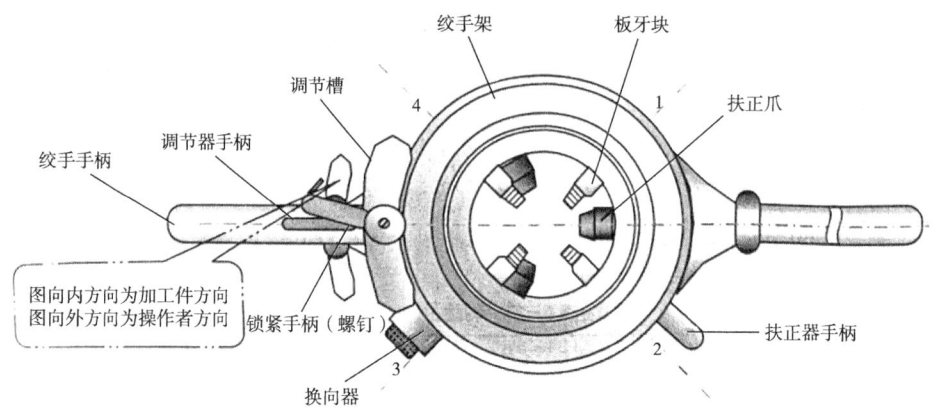

图 4-52 管子铰板结构示意图

每种规格的管子铰板都分别附有几套相应的板牙,每套板牙可以套两种尺寸的螺纹。其规格见表 4-26,常用为普通式 114 型。

表 4-26 管子铰板技术规范

型式	型号	螺纹种类	螺纹直径,mm	每套板牙规格,mm
轻便式	Q7A-1	圆锥	DN6~DN25	DN6、DN10、DN15、DN20、DN25
	SH-76	圆柱	DN15~DN40	DN15、DN20、DN25、DN32、DN40
普通式	114	圆锥	DN15~DN50	DN15~DN20、DN25~DN32、DN40~DN50
	117		DN50~DN100	DN50~DN80、DN80~DN100

管螺纹铰板的使用方法及注意事项如下:

(1)套丝前应将板牙用油清洗,保证螺纹的光洁度。

(2)套丝前,圆杆端头应倒角,这样板牙容易对准和起削,可避免螺纹端头处出现锋口。

(3)板牙套丝时,装牙的操作方法是:将扳机以顺时针方向转到极限位置,松开调节器手柄转动前盘盖,使两条 A 刻线对正,然后将选择好的板牙块按 1,2,3,4 序号对应地装入牙架的四个牙槽内,将扳机逆时针方向转到极限位置。装卸牙块时不允许用铁器敲击。

(4)套丝时,应使板牙端面与圆杆轴线垂直,以免套出不合规格的螺纹。

（5）在套制有焊缝钢管时，要对凸起部分铲平后再套；套制中要浇注润滑油，加力要均匀、平稳，不能用榔头等物件敲击板牙手柄。

（6）管扣套进中，禁止将三爪松开来减轻负荷，这样容易打坏牙齿。

（7）直径小于49mm的管子所套扣数为9～11扣，直径大于49mm的管子所套扣数为13扣以上，螺纹光滑，无损伤，锥度合理，用标准件测试。

（8）套扣过程中每板至少加机油两次，套扣控制扳机时，扳机方向每次要在同一位置，直径25mm以上管子必须3板套成，直径25mm以下管子可以2板套成。

（9）管子铰板用后，要除去板体里的铁屑、尘泥和油污物，然后将扳体及牙块擦上洁净油脂，放好。

第四节　电工工具

一、剥线钳的规格及使用

剥线钳是电工在不带电情况下剥离线芯直径在 0.5～2.5mm 范围的导线外部绝缘包层。多功能剥线钳还可剥离带状电缆外包层，其外形如图 4-53 所示。

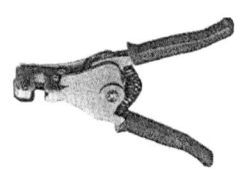

图 4-53　剥线钳

剥线钳的规格是指钳身长度（mm）。剥线钳可分为可调式端面、自动式、多功能和压接式 4 种，其规格见表 4-27。

表 4-27　剥线钳的规格

单位：mm

型式	可调式端面剥线钳	自动剥线钳	多功能剥线钳	压接剥线钳
钳身长度	160	170	170	200

剥线钳的使用方法及注意事项如下：
（1）剥线钳适用于塑料、橡胶绝缘电线、电缆芯线的剥皮。
（2）根据缆线的粗细型号，选择相应的剥线刀口。
（3）将准备好的电缆放在剥线钳的刀刃中间，选择好剥线的长度。
（4）握住剥线钳的手柄，将电缆夹住，缓缓用力使电缆外表慢慢剥落。
（5）松开剥线钳手柄，取出电缆线，电缆绝缘层完好剥落。

二、电工刀的规格及使用

电工刀用于电工装修施工中割削电线绝缘层、绳索、木桩及软性金属材料。电工刀的规格是指刀柄长度（mm）。电工刀分为普通式电工刀和多用式电工刀两种，多用式电工刀的附件锥子、锯片还可用作钻孔、锯割木材，其外形如图 4-54 所示，其规格见表 4-28。

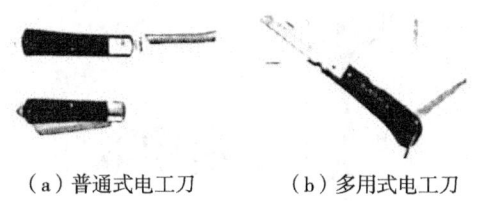

（a）普通式电工刀　　（b）多用式电工刀

图 4-54　电工刀

表 4-28　电工刀的规格

单位：mm

型式	普通式（单用）			多用式	
	大号	中号	小号	二用	三用
刀柄长度	115	105	95	115	115
附件	—	—	—	锥子	锥子、锯片

电工刀的使用方法及注意事项如下：

（1）使用电工刀时，刀口应向外剖削，以防脱落伤人；使用完后，应将刀身折入刀柄。

（2）电工刀刀柄是无绝缘保护的，因此使用电工刀时严禁带电操作，以防触电。

（3）带有引锥的电工刀，在其尾部装有弹簧，使用时应拨直引锥弹簧自动撑住尾部，这样，在钻孔时不致有倒回扎伤手指的危险。使用完毕后，应用手指揿住弹簧，将引锥退回刀柄，以免损坏工具或伤人。

三、测电笔的规格及使用

测电笔用于检测线路通电状况，是电工必备的一种工具。测电笔分低压试电笔（图 4-55）和高压测电器（图 4-56）两种。高压测电器检测电压范围不大于 10000V，低压试电笔的检测范围不大于 500V。

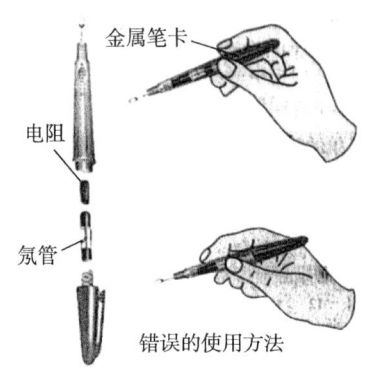

图 4-55　低电压试电笔结构及使用方法

图 4-56　GD-500 型高压测电器

（一）低压试电笔的使用方法及注意事项

（1）使用试电笔之前，首先检查电笔内有无安全电阻，然后检查试电笔是否损坏，有无受潮或进水，检查合格后方可使用。

（2）测量时手指握住试电笔身，食指触及笔身金属体（尾部），试电笔的小窗口朝向自己的眼睛。

（3）测量前先要检查氖泡是否能正常发光，如果试电笔氖泡能正常发光，则可以使用。

（4）在明亮的管线下或阳光下测试带电体时，应当注意避光，以防光线太强观察不到氖泡是否发亮，造成误判。

（5）在使用完毕后要保持试电笔清洁，并放置于干燥处，严防摔碰。

（二）高压测电器的使用方法及注意事项

（1）使用高压测电器时，注意手握部位不能超过保护环。

（2）测电器在使用前应在确有电源处测试，证明测电器确实良好，方可使用。

（3）使用时应逐渐靠近被测体，直至氖管发光，只有氖管不亮时，才可与被测物体直接接触。

（4）室外使用高压测电器，必须在气候良好的情况下使用，在雨、雪、雾及湿度较大的情况下不能使用，以确保安全。

（5）用高压测电器进行测试时必须戴耐压强度符合要求并在有效期内检验合格的绝缘手套，测试时人应站在合格的高压绝缘垫子上。

（6）测试时一人测试，一人监护，测试时要防止发生相间或对地短路事故，人与带电体应保持足够的安全距离（10kV高压为0.7m以上）。

第五节 测量工具

测量工具（俗称量具）是指在生产过程中用来测量各种工件的尺寸、角度和形状的工具。由于对工件的精度要求不同，量具也有不同精度，故可分为普通量具和精密量具两种。在集输工生产操作中，常用的测量工具是普通量具而不是精密量具。

一、量尺的分类及使用

（一）钢直尺

钢直尺也称钢板尺，是一种最常用的测量长度的简单的测量工具，用于一般工件尺寸的测量，可测量被测件的长、宽、高等尺寸。测量长度的范围取决于钢直尺的规格。钢直尺的最小刻线宽度为 0.5mm 或 1mm。现场使用的钢直尺一般用不锈钢制成，其外形如图 4-57 所示。

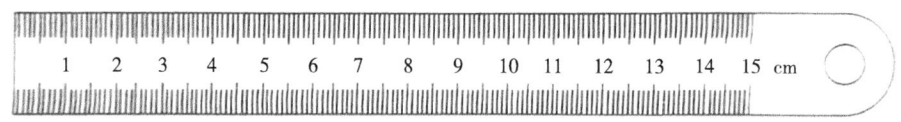

图 4-57 钢直尺外形示意图

钢直尺的规格是指测量上限（mm），其规格见表 4-29。

表 4-29 钢直尺的规格

单位：mm

测量上限	150	300	500	600	1000	1500	2000
全长	175	335	540	640	1050	1565	2065

钢直尺连续测量时，必须使首尾测线相接，并在一条直线上。用钢尺画线时，注意保护钢尺的刻度和边缘不得移位。

（二）钢卷尺

钢卷尺用于较大工件尺寸的测量（图 4-58）。钢卷尺有大钢卷尺和小钢卷尺两种。大钢卷尺可测量较大距离,有摇盒式、摇架式两种,卷尺的一面刻有公制单位刻度线,用于测量较长的管线或距离。小钢卷尺又称钢盒尺,测量较小的距离,分为自卷式和制动式两种,尺的一面刻有公制单位的刻度线,用于测量较短管线或距离。测量时将钢尺由盒中拉出,将钢尺的刻度与被测件直接比量读出得数,用后将钢尺擦拭干净以免腐蚀。钢卷尺测量时必须保证量尺的平直度。拉伸钢卷尺要平稳,不能速度过快,拉出时尺面与出口断面相吻合,防止扭卷。

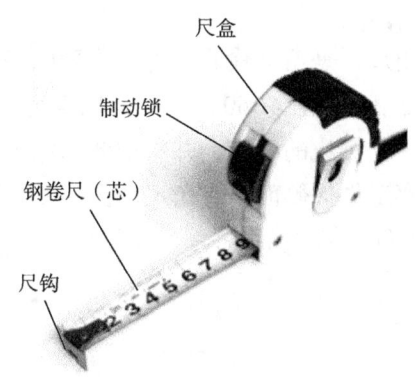

图 4-58 钢卷尺示意图

钢卷尺的规格见表 4-30。

表 4-30 钢卷尺的规格

单位:mm

型式	自卷式、制动式	摇卷盒式、摇卷架式
公称长度	1、2、3、3.5、5、10	5、10、15、20、30、50、100

(三)皮尺

皮尺又称盘尺或布卷尺,用于测量较长的距离,精度较低,其外形如图 4-59 所示。皮尺的规格是指标称长度,常用的有 5m、10m、15m、20m、30m 和 50m 等规格。

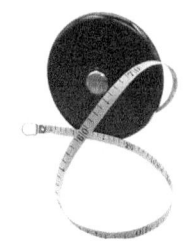

图 4-59　皮尺示意图

(四) 90°角尺

90°角尺又称直角尺，是精确检验工件垂直度的一种测量工具，也可在工件进行垂直划线时使用，如图 4-60 所示。运用直角尺来检验工件的直角或垂直角度时，应清除工件棱边的毛刺，并将被测面擦干净，将直角的一个测量面紧贴基准面，观察工件被侧面与直角尺的另一测量面应紧密贴合，如贴合不严说明角度不是直角。

图 4-60　90°角尺

(五) 水平仪

水平仪用来检测被测表面的平直度，也可用于检验普通机床上各平面间的平行度与垂直度。水平仪分条形水平仪（ST）和框式水平仪（SK）。

1. 条形水平仪

条形水平仪的主水准器用来测量纵向水平度，小水准器用来确定水平仪本身横向水平位置。水平仪的底平面为工作面，中间制成 V 形槽（120°或 140°），以便安装在圆柱面上测量（图 4-61）。当水准器内的气泡处于中间位置时，水平仪便处于水平状态；当气泡偏向一端时，表示气泡靠近的一端位置较高。水平仪的示值应在垂直水准器的位置上读数。

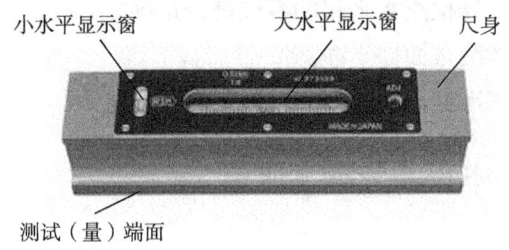

图 4-61 条式水平仪结构示意图

被测工件两点的高度差可按式（4-1）计算：

$$H=ALa \tag{4-1}$$

式中　H——两支点间在垂直面内的高度差，mm；

　　　A——气泡偏移格数；

　　　L——被测工件的长度，mm；

　　　a——水平仪精度。

2. 框式水平仪

框式水平仪由框架和水准器（封闭的玻璃管）组成（图 4-62）。每个侧面都可作为工作面，各侧面都保持精确的直角关系。框架的测量面上刻有 V 形槽（120°或 140°），便于测量圆柱形零件。水平仪的度数用气泡偏移一格，表面所倾斜的角度表示；或者用气泡偏移一格，表面在 1000mm 内倾斜的高度差△ h 来表示。

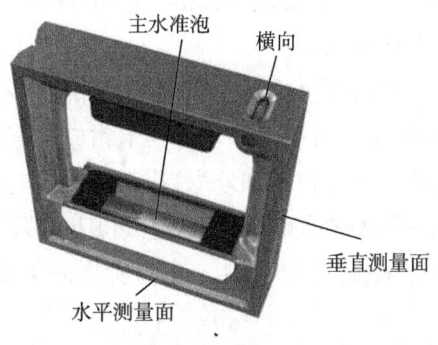

图 4-62 框式水平仪结构示意图

3.水平仪使用注意事项

（1）测量前应先检查水平仪的零位是否正确。

（2）将被测物测量面擦干净。

（3）必须在水准器内的气泡完全稳定时才可读数。

二、卡钳、卡尺的分类及使用

（一）卡钳

卡钳是一种间接测量的简单量具，必须与钢直尺或其他带有刻度值的量具配合使用，测量工件的外形尺寸和内形尺寸。卡钳分内卡钳和外卡钳两种，内卡测量工件的孔和槽；外卡测量工件的外径、厚度、宽度。卡钳分为普通式和弹簧式，弹簧卡钳便于调节且稳定，尤其适用于在连续生产过程中使用，其外形如图4-63所示。

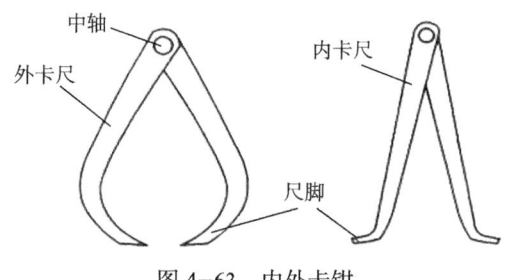

图4-63　内外卡钳

卡钳的规格是指卡钳的全长，有100mm、125mm、200mm、250mm、300mm、350mm、400mm、450mm、500mm和600mm等规格。

卡钳的使用及注意事项如下：

（1）清理工件，调整卡钳的开度，要轻敲卡钳脚，不要敲击或扭歪钳口。

（2）用外卡钳测量工件外径时，工件与卡钳应成直角，中指、食指捏住卡钳股,卡钳的松紧程度适中(以不加外力,靠卡钳的自重通过被测量物为宜)。度量尺寸时，将卡钳一脚靠在钢尺刻度线整数位上，另一脚顺钢尺边缘对在齿面应对的刻度线上，眼睛正对尺口，该脚所指的刻度尺寸为度量尺寸如图4-64所示。

第四章　常用工具用具

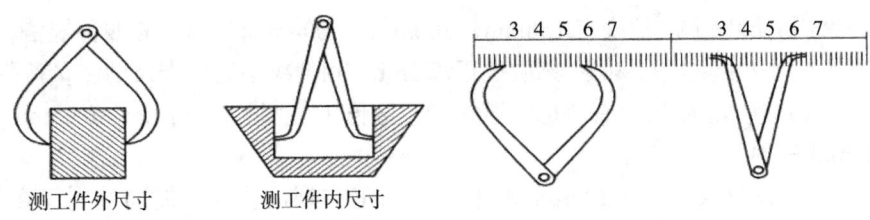

（a）内外卡钳测量示意　　　　　（b）内外卡钳读数示意

图 4-64　内外卡钳使用示意图

（3）用内卡钳测量工件内孔时，应先把卡钳的一脚靠在孔壁上作为支撑点，将另一卡脚前后左右摆动探试，以测得接近孔径的最大尺寸，度量尺寸同外卡。

（4）测量要准确，误差不得超过 +0.5mm，每次操作重复 3 遍。

（5）卡钳的中轴不能自行松动。

（6）使用后清理现场，将测量面擦干净，保养存放。

（二）卡尺

1. 游标卡尺

游标卡尺是应用较广泛的通用量具，具有结构简单、使用方便、测量范围大等特点。根据用途不同，游标类卡尺可分为游标卡尺、深度游标卡尺、高度游标卡尺 3 种。

游标卡尺用于测量工件的内、外径尺寸及长度尺寸（如宽度、厚度）等，带深度尺的卡尺还可以测量工件的深度尺寸，是一种中等精度的量具，其结构如图 4-65 所示。

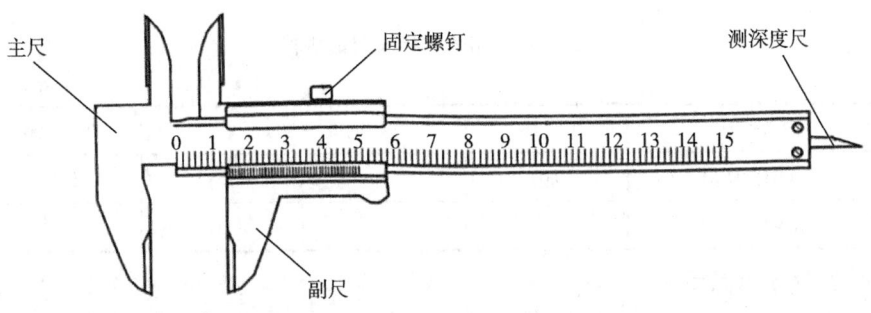

图 4-65　游标卡尺结构示意图

常用的游标卡尺长度有 150mm、200mm、300mm 和 500mm 四种规格。

（1）主尺：主尺有刻度，刻度线距离 1mm，刻度决定游标卡尺的测量范围。

（2）副尺：副尺上有游标，游标的读数值（精度）有 0.1mm、0.05mm、0.02mm 三种。

（3）深度尺：0~125mm 的卡尺，固定在副尺背面，能随着副尺在尺身导向槽中移动。测量深度时，应将主尺的尾部端点紧靠在被测物件的基准平面上。移动副尺使深度尺与被测工件底面相垂直，读数方法与测量内、外径的相同。

根据游标卡尺的结构，游标卡尺的读数方法为：

（1）在主尺上读位于游标零线左面的毫米尺寸数，为测量结果的整数部分。

（2）读出游标上与尺身上刻线对齐的刻线数值，次数值和间隔差值（卡尺的精确度可分为 0.1mm、0.05mm、0.02mm 三种）的乘积为小数部分。

（3）把整数部分与小数部分相加即可得出测量结果。

2. 带表游标卡尺

带表游标卡尺与普通游标卡尺相同，但由于使用表针指示代替原刻线读值，而且 0 位又可任意调节，令其使用方便，直观性强，其外形如图 4-66 所示。

带表游标卡尺的规格见表 4-31。

图 4-66　带表游标卡尺

表 4-31　带表游标卡尺的规格

单位：mm

测量范围	0~150	0~200		0~300
指示表分度值	0.01	0.02		0.05
指示表示值范围	1	1	2	5

3. 电子数显卡尺

电子数显卡尺有清晰的数字显示，读数快而准确，比一般游标卡尺精度高，具有防锈、防磁的功能，其结构如图4-67所示。电子数显卡尺的测量范围为0～150mm、0～200mm、0～300mm和0～500mm，最小显示值为0.01mm。

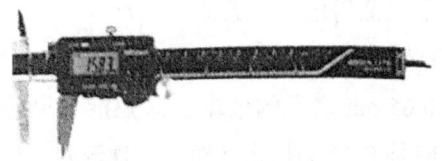

图4-67　电子数显卡尺结构示意图

4.用游标卡尺测量工件的操作方法

测量工件尺寸时，应按工件的尺寸大小和精度选用量具。游标卡尺只能用来测量中等精度尺寸，不能测量铸、锻件毛坯，也不能测量精度要求高的尺寸。

（1）使用游标卡尺测量工件的尺寸时，先擦净被测件和游标卡尺，检查游标卡尺是否归零，即主尺、副尺上的零刻度线是否同时对准，检查测量爪有无伤痕，对着光线看测量爪有无缝隙，是否对齐，检查合格后才可使用。

（2）松动游标卡尺的固定螺钉。

（3）一手握住被测件，另一手四指握住尺尾端，应先将两卡脚张开得比被测尺寸大些，而测量工件的内尺寸时，则应将两卡脚张开的比被测工件尺寸小些。然后使固定卡脚的测量面贴靠工件，轻轻用力使副尺上活动卡脚的测量面也贴紧工件，并使两卡脚测量面的连线与所测工件表面垂直，再固定游标卡尺固定螺钉，如图4-68所示。

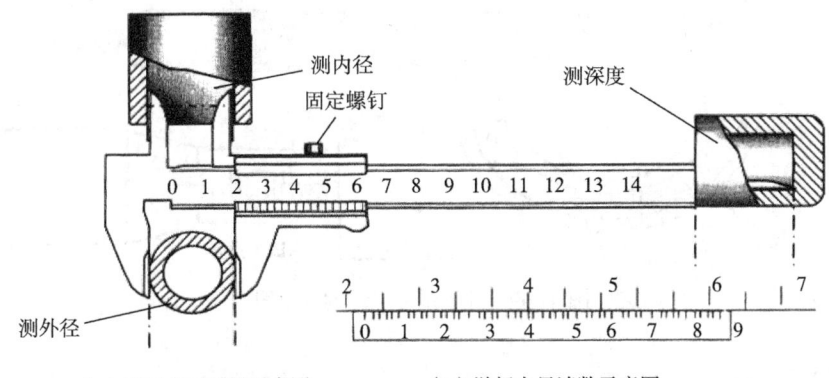

（a）游标卡尺测量示意图　　（b）游标卡尺读数示意图

图4-68　游标卡尺及使用示意图

（4）在主尺上读出游标零位的读数，此数据为整数值（mm）。

（5）在游标上找到和主尺相重合的数值，此数值为小数部分，将上述两数值相加，即为游标卡尺测得的尺寸数据。

（6）读数时要在光线较好的地方进行，不能斜视读数，决不能读出如：23.17mm、4.01mm、0.65mm 之类的数据，即游标卡尺的精度为 0.02mm，所测得的最后一位小数应是 0.02 的倍数才对，每次测量不少于 3 次，取平均值。

（7）使用完后清理现场，将测量面擦干净，加润滑油保养存放。

三、千分尺的分类及使用

千分尺是一种精度较高的量具，主要是用来测量精度要求较高的工件，其精度可达 0.01mm，比游标卡尺精度高出一倍。千分尺可分为外径千分尺、深度千分尺和壁厚千分尺。其中，外径千分尺应用最为普遍。

（一）外径千分尺

1. 机械外径千分尺

外径千分尺又称螺旋测微器、分厘卡。外径千分尺有测砧固定式外径千分尺与可调式外径千分尺两种，其结构如图 4-69 所示。

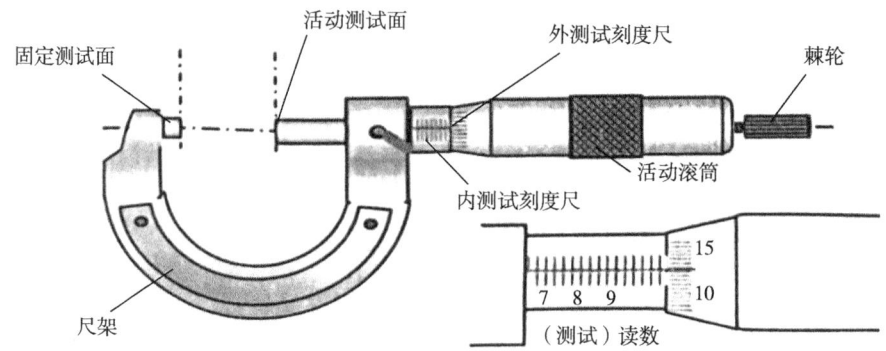

图 4-69 外径千分尺结构示意图

外径千分尺规格见表 4-32。

表 4-32 外径千分尺的规格

单位：mm

品种	测量范围	分度值
测砧固定式量程为 25mm、测微螺杆螺距为 0.5mm 或 1mm	0～25、25～50、50～75、75～100、100～125、125～150、150～175、175～200、200～225、225～250、250～275、275～300、300～325、325～350、350～375、375～400、400～425、425～450、450～475、475～500、500～600、600～700、700～800、800～900、900～1000	0.01、0.001、0.002、0.005
测砧可调式	1000～1200、1200～1400、1400～1600、1600～1800、1800～2000、2000～2200、2200～2400、2400～2800、2800～3000	0.01、0.001、0.002、0.005
测砧带表式	1000～1500、1500～2000、2000～2500、2500～3000	

千分尺的分度值为 0.01mm（微分筒上每一格间距离），也就是测量精度为 0.01mm。根据外径千分尺的结构，外径千分尺的读数方法如下：

（1）在固定套筒上读出其与微分筒边缘靠近的刻线数值（包括整毫米数和半毫米数）。

（2）在微分筒上读取其与固定套筒的基准线对齐的刻度数值。

（3）将以上两个数值相加即可为测量结果。

2. 带计数器的外径千分尺

带计数器千分尺与外径千分尺相同，利用机械原理将长度位移转化为数字显示，使读数直观、迅速、准确，计数器分辨率 0.01mm，其外形如图 4-70 所示。按照其测量范围可分为 0～25mm、25～50mm、50～75mm、75～100mm 四种规格。

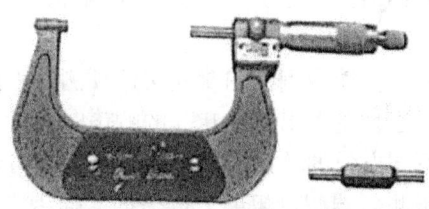

图 4-70 带计数器千分尺

（二）深度千分尺

深度千分尺与深度游标卡尺用途相同，其测量精度较高，分度值为0.01mm，其外形如图4-71所示。按照其测量范围可分为0～25mm、0～50mm、0～100mm、0～150mm、0～200mm、0～250mm、0～300mm七种规格。

图4-71　深度千分尺

（三）壁厚千分尺

壁厚千分尺通过调节弧形尺架上的球形测量面和平测量面间的距离测量出管子壁厚。其外形如图4-72所示。按照其测量范围可分为0～25mm、25～50mm两种规格。

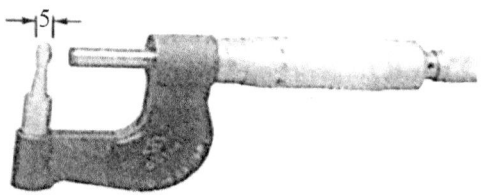

图4-72　壁厚千分尺

（四）千分尺使用方法及注意事项

（1）将螺旋测微器的测量面擦干净，校正其归零。

（2）将预测件表面清洗干净，一手握住预测件，一手转动千分尺的活动套筒，将预测件置于两侧杆之间。

（3）调整微分套筒，使两侧杆的侧面接近预测件表面。

（4）转动棘轮，当棘轮发出"咔咔"的响声时，读测量数据。

（5）测取三个不同方位的数据，取平均值作为测量结果。

（6）不可用螺旋测微器测量粗糙工件表面，使用完后清理现场，将测量面擦干净，加润滑油保养，放入盒中存放。

四、量规、量仪的分类及使用

（一）塞尺

塞尺用于检验两个平面间的间隙，由厚度为 0.02～1.0mm，长度为 75～300mm 的塞尺片（组）组成，其外形如图 4-73 所示。塞尺也是一种界限量具，测量时若用一片 0.04mm 的测试片可插入两零件间隙，但用一片 0.05mm 的测试片却不能插入，则该间隙的尺寸在 0.04～0.05mm 之间。

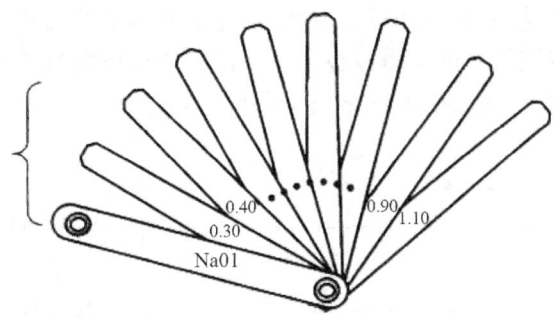

图 4-73　塞尺结构示意图

塞尺分为 A 型和 B 型两种。A 型端头为半圆形；B 型端头为弧形、尺片前端为梯形。塞尺片按厚度偏差及弯曲度分为特级和普通级。常用塞尺尺片长度为 75mm、100mm、150mm、200mm、300mm。

塞尺使用注意事项如下：

（1）塞尺使用时，应先清除塞尺和工件上的污垢，根据间隙的大小，可用一片或数片重叠在一起插入间隙内。

（2）塞尺的片容易弯曲和折断，测量时不能用力太大，测量时可用一片或几片重叠插入间隙，但不允许硬插。

（3）不能测量温度较高的零件，用完后要擦拭干净，及时合到夹板中去。

（二）量块

量块也称量规，用于调整、校正或检验测量仪器、工具，常作为长度计量的基准，也可用于精密工件尺寸测量，如图 4-74 所示。量块具有较高的贴合性，由于测量面的平面度误差极小，用比较小的压力把两个量块的测量面互相推合后，就可牢固地贴合在一起，因此，可以把不同基本尺寸的量块组合成量块组，得到需要的尺寸。为了能够把量块组成各种尺寸，量块是成套制造的，形成系列尺寸，装在特制的盒内。

图 4-74 量块

把量块组合成一定尺寸时的方法为：先从所给定的尺寸最后一位数字考虑。每选一块应使尺寸的位数减少 1～2 位，使量块数量尽可能少，以减少累积误差。例如，要组成 38.935mm 的尺寸，若采用 83 块一套的量块，其选用方法如下：

38.935
−1.005 ———————————————— 第一块量块尺寸为 1.005mm
37.93
−1.43 ————————————————— 第二块量块尺寸为 1.43mm
36.5
−6.5 —————————————————— 第三块量块尺寸为 6.5mm
30 ———————————————————— 第四块量块尺寸为 30mm
全部组合尺寸为 38.935mm

采用量块附件可扩大量块的使用范围。附件主要包括夹持器和各种量爪。将量块和附件一起装配，可以用来测量外径、内径尺寸和划线。为了保持量块的精度，延长使用寿命，一般不要用量块直接测量工件。

（三）半径样板

半径样板通过与被测圆弧接触比较，来确定被测圆弧的半径。凸形样板检测凹表面圆弧，凹形样板检测凸表面圆弧。其外形如图 4-75 所示。半径样板分凹、凸两组，样板数量为 16 片。

图 4-75 半径样板

半径样板的使用方法及注意事项如下：

（1）检验轴类零件的圆弧曲率半径时，样板要放在径向界面内；检验平面形圆弧曲率半径时，样板应平行与被检截面，不得前后倾倒。

（2）当已知被检测工件的圆弧半径时，可选用相应尺寸的半径样板去检验。

（3）不知道被检测工件的圆弧半径时，则要用测试方法进行检验。首先用目测估计被检验工件的圆弧半径，依次选择半径样板去测试，当光隙位于圆弧的中间部分时，说明工件的圆弧半径 r 大于样板的圆弧半径 R，应换一片半径大一些的样板检验，若光隙位于圆弧的两边，说明工件的半径 r 小于样板的半径 R，则换一片小一些的样板检验，直到两者吻合 $r = R$，则此样板的半径就是被测工件的圆弧半径。

（4）半径样板使用后应擦净，擦拭时要从铰链端向工作端方向擦，切勿逆擦，以防止样板折断或弯曲。

（5）半径样板要定期检定，如果样板上标明的半径数值不清时千万不可使用，防止错用。

（四）螺纹样板

螺纹样板用以与被测螺纹接触比较，来确定螺纹的螺距（或英制牙数）是否正确，其外形如图 4-76 所示。

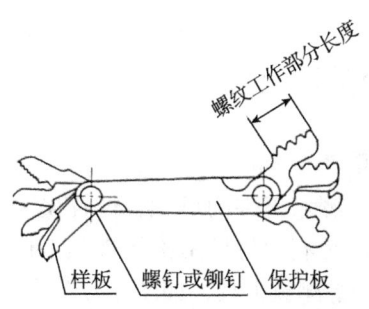

图 4-76　螺纹样板结构示意图

螺纹样板的规格见表4-33。

表4-33 螺纹样板的规格

螺距种类	普通螺纹螺距，mm	英制螺纹螺距，牙数，in
螺距尺寸系列	0.40、0.45、0.50、0.60、0.70、0.75、0.80、1.00、1.25、1.50、1.75、2.00、2.50、3.00、3.50、4.00、4.50、5.00、5.50、6.00	4、4.5、5、6、7、8、9、10、11、12、14、16、18、19、20、22、24、28
样板数	20	18
厚度，mm	0.5	

螺纹样板的使用方法及注意事项如下：

（1）螺纹样板的表面不应有影响使用性能的缺陷。

（2）螺纹样板与保护板的联结应保证能方便地更换样板，应能使样板平滑地绕螺钉或铆钉轴转动不应有卡滞或松动现象。

（3）螺纹样板测量面的表面粗糙度 Ra 值为 1.6μm。

（4）测量螺纹螺距时，将螺纹样板组中齿形钢片作为样板，卡在被测螺纹工件上，如果不密合，就另换一片，直到密合为止，这时该螺纹样板上标记的尺寸即为被测螺纹工件的螺距。但是，必须注意把螺纹样板卡在螺纹牙廓上时，应尽可能利用螺纹工作部分长度，使测量结果较为正确。

（5）测量牙形角时，把螺距与被测螺纹工件相同的螺纹样板放在被测螺纹上面，然后检查它们的接触情况。如果没有间隙透光，被测螺纹的牙型角是正确的。如果有不均匀间隙透光现象，那就说明被测螺纹的牙形不准确。但是，这种测量方法是很粗略的，只能判断牙形角误差的大概情况，不能确定牙形角误差的数值。

五、指示表的分类及使用

（一）百分表与千分表

百分表与千分表用于测量工件的形状、位置误差及位移量，也可用比较法测量工件的长度。它们是利用机械结构将被测工件的尺寸数值放大后，通过读数装置标识出来的一种测量工具，如图4-77所示。

图4-77 百分表

百分表与千分表的规格见表 4-34。

表 4-34 百分表与千分表的规格

名称	测量范围, mm	分度值, mm	最大测力, N	示值总误差, μm	夹持长度, mm
大量程百分表	0～30	0.01	2.2	30	
	0～50		2.5	40	
	0～100		3.2	50	
百分表	0～3	0.01	0.5～1.5	14	
	0～5			16	
	0～10			18	
千分表	0～1, 0～2	0.001	1.5		16
	0～3, 0～5	0.005			11

电子数显百分表和千分表用于精密测量工件的形状及位置误差，也用于测量工件长度，其优点是读数迅速、直观，其外形如图 4-78 所示。电子数显百分表数字最小分度值 0.01mm，测量范围 0～3mm、0～5mm、0～10mm、0～25mm、0～30mm。电子数显千分表数字最小分度值 0.001mm，测量范围 0～5mm、0～9mm、0～10mm。

图 4-78 数显百分表

百分表的分度值为 0.01mm。表面刻度盘上共有 100 个等分格，当指针偏转 1 格时，量杆移动距离为 0.01mm。

使用百分表、千分表时可将其装在专用表座上或磁性表座上。

1.百分表的使用方法及注意事项

（1）百分表应固定在可靠的表架上，根据测量的需要可选择带平台的表架或万能表架。

（2）百分表应牢固地装夹在表架夹具上，如与装套筒紧固时，夹紧力不宜过大，以免使装夹套筒变形，卡住测杆，应检查测杆移动是否灵活，夹紧后，不可再转动百分表。

（3）百分表测杆与被测工件表面垂直，否则将产生较大的测量误差。

（4）测量圆柱形工件时，测杆轴线应与圆柱形工件直径方向一致。

（5）测量前必须坚持百分表是否夹牢又不影响其灵敏度，为此可检查其重复性，即多次提拉百分表测杆略高于工件高度，放下测杆，使之与工件接触，在重复性较好的情况下，才可以进行测量。

（6）在测量时，应轻轻提起测杆，把工件移至测头下面，缓慢下降测头，使之与工件接触，不准把工件强迫推入至测头，也不准急剧下降测头，以免产生瞬时冲击测力，给测量带来误差。对工件进行调整时，应按上述方法操作。在测头与工件表面接触时，测杆应有 0.3～1mm 的压缩量，以保持一定的起始测量力。

（7）测量杆上不要加油，以免油污进入表内，影响表的传动机构和测杆移动的灵活性。

2. 千分表的使用方法及注意事项

（1）使用千分表时不要使测量杆移动次数过多，以免造成测量头端部过早磨损，齿轮系统过于消耗，弹簧松弛影响千分表的精度。

（2）测量时，不要使测量杆移动的距离过大，甚至超出测量限度，否则会造成测量时压力太大，弹簧过分的伸张。

（3）千分表测杆与被测工件表面垂直，否则将产生较大的测量误差。

（4）测量时，不要把工件强迫推入测量头下，否则会损伤千分表机件。

（5）不要用千分表测量表面粗糙或有明显凹凸的工件。

（6）在测量杆移动不灵活或者发生阻塞时，不要用力推压测量头，应进行修理。

（7）测量前，将被测部位擦拭干净，不能用千分表测量不清洁的工件。

（8）测量杆上不应有任何的油脂。

（二）万能表座

万能表座用于夹持百分表、千分表，并可使其处于任意位置和角度上。表座可沿平面滑行，以方便测量工件尺寸及形位偏差，其外形如图 4-79 所示。万能表座有普通式万能表座、可微调式万能表座两种。

图 4-79　万能表座

（三）磁性表座

磁性表座的用途与万能表座相同，利用其磁性可使表座固定于空间任意位置和角度上，更便于使用，其外形如图 4-80 所示。磁性表座里面是一个圆柱体，在其中间放置一条条形的永久磁铁或恒磁磁铁，外面底座位置是一块软磁材料（软磁材料是指在较弱的磁场下，易磁化也易退磁的一种铁氧体材料），通过转动手柄，来转动里面的磁铁。当磁铁的两极（N 或 S）呈上下方向时，也就是磁铁的 N 极或 S 极正对软磁材料底座时，就被磁化了，这个方向上具有强磁，所以能够用于吸住钢铁表面。而当磁铁的两极处于水平方向时，及 N 极、S 极的正中间正对软磁材料底座时（长条形磁铁的正中间只有极小的磁性，可以不记）不会被磁化，所以此时底座上几乎没有磁力，就可以很容易地从钢铁表面取下来了。

图 4-80　磁性表座

第五章
消防设施

　　消防设施主要包括灭火器、消防泵、喷淋系统等，是火灾事故发生时，及时灭火、降低事故损失、保障人身和财产安全的重要设备设施，集输站作为易燃易爆甲级要害部位，正确维护和使用消防设施是集输站员工必须掌握的一项专业技能。

第一节 灭火器

一、灭火器概述

（一）灭火器的分类方式

灭火器的种类很多，按其移动方式可分为：手提式灭火器和推车式灭火器；按驱动灭火剂的动力来源可分为：储气瓶式灭火器、储压式灭火器、化学反应式灭火器；按所充装的灭火剂则又可分为：泡沫灭火器、干粉灭火器、卤代烷灭火器、二氧化碳灭火器、清水灭火器等。

（二）灭火器的选用

（1）扑救 A 类火灾应选用泡沫灭火器、干粉灭火器、卤代烷灭火器等。

（2）扑救 B 类火灾应选用干粉灭火器、泡沫灭火器、卤代烷灭火器、二氧化碳灭火器等，扑救水溶性 B 类火灾不得选用化学泡沫灭火器。

（3）扑救 C 类火灾应选用干粉灭火器、卤代烷灭火器、二氧化碳灭火器等。

（4）扑救带电设备火灾应选用卤代烷灭火器、二氧化碳灭火器、干粉灭火器等。

（5）扑救 A 类、B 类、C 类和带电设备火灾应选用干粉灭火器、卤代烷灭火器等。

（6）扑救 D 类火灾应选用专用干粉灭火器。

（三）灭火器的种类和保护对象

（1）扑救文物档案应选用二氧化碳灭火器、二氟二溴甲烷灭火器、2402 灭火器、七氟丙烷灭火器、六氟丙烷灭火器。

（2）扑救易燃液体应该选用干粉灭火器、二氧化碳灭火器、四氯化碳灭火器、1211 灭火器、二氟二溴甲烷灭火器、1301 灭火器、2402 灭火器、七氟丙烷灭火器、六氟丙烷灭火器、抗溶泡沫灭火器。

（3）扑救易燃气体应该选用干粉灭火器、二氧化碳灭火器、四氯化碳灭火器、1211 灭火器、二氟二溴甲烷灭火器、1301 灭火器、2402 灭火器、七氟丙烷灭火器、六氟丙烷灭火器。

（4）电气设备火灾应该选用干粉灭火器、二氧化碳灭火器、四氯化碳灭火器、1211灭火器、二氟二溴甲烷灭火器、1301灭火器、2402灭火器、七氟丙烷灭火器、六氟丙烷灭火器。

（5）精密仪器火灾应该选用二氧化碳灭火器、四氯化碳灭火器、1211灭火器、二氟二溴甲烷灭火器、1301灭火器、2402灭火器、七氟丙烷灭火器、六氟丙烷灭火器。

（四）灭火器药剂毒性

（1）2402灭火器药剂为四氟二溴乙烷，常温略带芳香味道，遇热高温有毒，使用时必须戴好防毒面具。

（2）1202灭火器药剂为二氟二溴甲烷，常温略带芳香味道，有毒性，使用后必须通风以防中毒或窒息。

（3）FM200灭火器药剂为HFC-227ea，常温无色无味，没有毒性，使用后无须通风。

（4）二氧化碳灭火器药剂为CO_2，常温无毒无味，气体有窒息性，使用后必须通风以防窒息。

（5）干粉灭火器药剂为$NaHCO_3$，常温无毒无味，灭火时刺激呼吸道，使用后必须通风。

（6）干粉灭火器药剂为$NH_4H_2PO_4$，常温无毒无味，灭火时刺激呼吸道，使用后必须通风。

（7）干粉灭火器药剂为$NH_4H_2PO_4+NaHCO_3$，常温无毒无味，灭火时刺激呼吸道，使用后必须通风。

二、干粉灭火器

（一）结构原理

干粉灭火器内充装的是干粉灭火剂。干粉灭火剂是用于灭火的干燥且易于流动的微细粉末，由具有灭火效能的无机盐和少量的添加剂经干燥、粉碎、混合而成微细固体粉末组成，利用压缩的二氧化碳吹出干粉（主要含有碳酸氢钠）来灭火。

（二）适用范围

碳酸氢钠干粉灭火器适用于易燃、可燃液体、气体及带电设备的初起火灾；

磷酸铵盐干粉灭火器除可用于上述几类火灾外，还可扑救固体类物质的初起火灾，但都不能扑救金属燃烧火灾。

干粉灭火器扑救可燃、易燃液体火灾时，应对准火焰根部扫射。如果被扑救的液体火灾呈流淌燃烧时，应对准火焰根部由近而远，并左右扫射，直至把火焰全部扑灭。如果可燃液体在容器内燃烧，使用者应对准火焰根部左右晃动扫射，使喷射出的干粉流覆盖整个容器开口表面；当火焰被赶出容器时，使用者仍应继续喷射，直至将火焰全部扑灭。在扑救容器内可燃液体火灾时，应注意不能将喷嘴直接对准液面喷射，防止喷流的冲击力使可燃液体溅出而扩大火势，造成灭火困难。如果当可燃液体在金属容器中燃烧时间过长，容器的壁温已高于扑救可燃液体的自燃点，此时极易造成灭火后再复燃的现象，若与泡沫类灭火器联用，则灭火效果更佳。

（三）使用方法

灭火时，可手提或肩扛灭火器快速奔赴火场，在距燃烧处 5m 左右，放下灭火器。如在室外，应选择在上风方向喷射。使用的干粉灭火器若是外挂式储压式的，操作者应一手紧握喷枪，另一手提起储气瓶上的开启提环。如果储气瓶的开启是手轮式的，则向逆时针方向旋开，并旋到最高位置，随即提起灭火器。当干粉喷出后，迅速对准火焰的根部扫射。使用的干粉灭火器若是内置式储气瓶的或者是储压式的，操作者应先将开启把上的保险销拔下，然后握住喷射软管前端喷嘴部，另一只手将开启压把压下，打开灭火器进行灭火。有喷射软管的灭火器或储压式灭火器在使用时，一手应始终压下压把，不能放开，否则会中断喷射。

三、二氧化碳灭火器

（一）结构原理

灭火器瓶体内储存液态二氧化碳，工作时，当压下瓶阀的压把时，内部的二氧化碳灭火剂便由虹吸管经过瓶阀到喷筒喷出，使燃烧区氧的浓度迅速下降，当二氧化碳达到足够浓度时火焰会窒息而熄灭，同时由于液态二氧化碳会迅速气化，在很短的时间内吸收大量的热量，因此对燃烧物起到一定的冷却作用，也有助于灭火。推车式二氧化碳灭火器主要由瓶体、器头总成、喷管总成、车架总成等几部分组成，内装的灭火剂为液态二氧化碳灭火剂。

（二）适用范围

二氧化碳灭火器适用于扑救易燃液体及气体的初起火灾，也可扑救带电设备的火灾。二氧化碳灭火器常应用于实验室、计算机房、变配电所，以及对精密电子仪器、贵重设备或物品维护要求较高的场所。

（三）使用方法

灭火时只要将灭火器提到或扛到火场，在距燃烧物 5m 左右，拔出灭火器保险销，一手握住喇叭筒根部的手柄，另一只手紧握启闭阀的压把。对没有喷射软管的二氧化碳灭火器，应把喇叭筒往上扳 70°～90°。使用时，不能直接用手抓住喇叭筒外壁或金属连线管，防止手被冻伤。灭火时，当可燃液体呈流淌状燃烧时，使用者将二氧化碳灭火剂的喷流由近而远向火焰喷射。如果可燃液体在容器内燃烧时，使用者应将喇叭筒提起。从容器的一侧上部向燃烧的容器中喷射，但不能将二氧化碳射流直接冲击可燃液面，以防止将可燃液体冲出容器而扩大火势，造成灭火困难。

四、泡沫灭火器

（一）结构原理

泡沫灭火器内有两个容器，分别盛放两种液体，它们是硫酸铝和碳酸氢钠溶液，两种溶液互不接触，不发生任何化学反应（平时千万不能碰倒泡沫灭火器）。当需要泡沫灭火器时，把灭火器倒立，两种溶液混合在一起，就会产生大量的二氧化碳气体。

除了两种反应物外，灭火器中还加入了一些发泡剂。打开开关，泡沫从灭火器中喷出，覆盖在燃烧物品上，使燃着的物质与空气隔离，并降低温度，达到灭火的目的。

（二）适用范围

泡沫灭火器适用于扑救一般 B 类火灾，如油制品、油脂等火灾，也可适用于 A 类火灾，但不能扑救 B 类火灾中的水溶性可燃、易燃液体的火灾，如醇、酯、醚、酮等物质火灾；也不能扑救带电设备及 C 类和 D 类火灾。

（三）使用方法

1. 手提式使用方法

可手提筒体上部的提环，迅速奔赴火场。这时应注意不得使灭火器过分倾斜，更不可横拿或颠倒，以免两种药剂混合而提前喷出。当距离着火点10m左右，即可将筒体颠倒过来，一只手紧握提环，另一只手扶住筒体的底圈，将射流对准燃烧物。在扑救可燃液体火灾时，如已呈流淌状燃烧，则将泡沫由远而近喷射，使泡沫完全覆盖在燃烧液面上；如在容器内燃烧，应将泡沫射向容器的内壁，使泡沫沿着内壁流淌，逐步覆盖着火液面。切忌直接对准液面喷射，以免由于射流的冲击，反而将燃烧的液体冲散或冲出容器，扩大燃烧范围。在扑救固体物质火灾时，应将射流对准燃烧最猛烈处。灭火时随着有效喷射距离的缩短，使用者应逐渐向燃烧区靠近，并始终将泡沫喷在燃烧物上，直到扑灭。使用时，灭火器应始终保持倒置状态，否则会中断喷射。

手提式泡沫灭火器存放应选择干燥、阴凉、通风并取用方便之处，不可靠近高温或可能受到曝晒的地方，以防止碳酸分解而失效；冬季要采取防冻措施，以防止冻结；并应经常擦除灰尘、疏通喷嘴，使之保持通畅。

2. 推车式使用方法

使用时，一般由两人操作，先将灭火器迅速推拉到火场，在距离着火点10m左右处停下，由一人施放喷射软管后，双手紧握喷枪并对准燃烧处；另一个则先逆时针方向转动手轮，将螺杆升到最高位置，使瓶盖开足，然后将筒体向后倾倒，使拉杆触地，并将阀门手柄旋转90°，即可喷射泡沫进行灭火。如阀门装在喷枪处，则由负责操作喷枪者打开阀门。

五、注意事项

（1）灭火器在运输和存放中，应避免倒放、雨淋、曝晒、强辐射和接触腐蚀性物质。

（2）灭火器的存放环境温度应在 $-10 \sim 45℃$ 范围内。

（3）灭火器放置处，应保持干燥通风，防止筒体受潮腐蚀。应避免日光暴晒和强辐射热，以免影响灭火器正常使用。

（4）灭火器应按制造厂规定的要求和检查周期，进行定期检查。灭火器的检查内容包括：

①灭火器压力表的外表面不得有变形、损伤等缺陷，否则应更换压力表。

②压力表的指针是否指在绿区（绿区为设计工作压力值），否则应充装驱动气体。

③灭火器喷嘴是否有变形、开裂、损伤等缺陷，否则应予以更换。

④灭火器的压把、阀体等金属件不得有严重损伤、变形、锈蚀等影响使用的缺陷，否则必须更换。

⑤筒体严重变形的、筒体严重锈蚀（漆皮大面积脱落，锈蚀面积大于、等于筒体总面积的1/3者）或连接部位、筒底严重锈蚀必须报废。

⑥灭火器的橡胶、塑料件不得变形、变色、老化或断裂，否则必须更换。

⑦手提式二氧化碳灭火器，必须采用压把式阀门。

⑧灭火剂量大于等于4kg的灭火器，应更换带间隙喷射机构或增装喷枪。无法更换的应报废。

⑨结构不合理的（如筒体平底的、储气瓶外置、进气管从桶身上进入桶体内部的干粉灭火器）必须报废。

⑩简易式灭火器不得重复灌充维修。简易式灭火器是指充装量小于1kg并由一根手指开启的不可重复充装使用的贮压式灭火器。

（5）在相同批次的灭火器中抽取一具灭火器进行灭火性能测试。ABC（磷酸铵盐）干粉通常为淡黄色，喷射出的粉末精细无杂质，将喷出的粉末进行充分加热后留有较少残留物。

（6）灭火器一经开启，即使喷出不多，也必须按规定要求进行再充装，应由专业维修部门按制造厂规定的要求和方法进行，不得随便更改灭火剂的品种，重量和驱动气体压力。

（7）灭火器经功能性检查发现存在问题的，必须委托有维修资质的维修单位进行维修，更换易损件、筒体进行水压试验、重新充装灭火剂和驱动气体。维修单位必须严格落实灭火器报废制度。灭火器每五年和每次再充装前要对其主要受压部件，如器头、筒体等应进行水压试验，合格者方可继续使用。试验后应及时干燥处理，并检查内壁，不应有明显锈蚀。水压试验不合格，不准用焊接等方法修复使用。

（8）经维修部门修复的灭火器，应有消防监督部门认可的标记，并注明维修单位名称及维修日期。

（9）灭火器无论是使用过还是未经使用过，从生产日期（每具灭火器的筒体上都有生产日期)算起，达到规定的维修年限后必须送维修单位进行维修，达到报废年限的必须报废，维修中筒体经水压试验不合格的灭火器也必须报废。

（10）管理处必须加强对灭火器的日常管理和维护。要建立"灭火器台账"，登记类型、配置数量、设置部位和维护管理的责任人；明确维护管理责任人的职责。

（11）管理处要对灭火器的维护情况至少每季度检查一次，检查内容包括：责任人维护职责的落实情况；灭火器压力值是否处于正常压力范围；保险销和铅封是否完好；灭火器不能挪作他用；摆放应稳固，没有埋压；灭火器箱不得上锁；避免日光暴晒和强辐射热；灭火器是否在有效期内等。要将检查灭火器有效状态的情况制作成"灭火器检查记录"存档，以便于查证。

六、检查与维护

（一）灭火器的检查

1. 检查标准

（1）灭火器在每次使用后，必须送到已取得维修许可证的维修单位（以下简称维修单位）检查，更换已损件，重新充装灭火剂和驱动气体。

（2）灭火器不论已经使用过还是未经使用，距出厂的年月已达规定期限时，必须送维修单位进行水压试验检查。

（3）手提式和推车式干粉灭火器，以及手提式和推车式二氧化碳灭火器期满五年，以后每隔二年，必须进行水压试验等检查。

（4）手提式和推车式机械泡沫灭火器、手提式清水灭火器期满三年，以后每隔二年，必须进行水压试验检查。

（5）手提式和推车式化学泡沫灭火器、手提式酸碱灭火器期满两年，以后每隔一年，必须进行水压试验检查。

（6）外观检查发现异常情况的必须作废品处理。

2. 主要部件的检查

压力指示检查：应安装压力指示器，干粉灭火器压力指示器表面应标有"F"的。压力指示器指针是否在绿色区域。

3. 喷射软管的检查

凡是灭火剂量大于 3kg（L）的灭火器都应装喷射软管，喷射软管长度应达到 400mm，喷射软管长度不包括喷射软管两端的接头或喷嘴。

4. 保险机构的检查

灭火器应装有保险装置。这种保险装置可以是保险销，也可以起相同作用的其他结构。保险销上应有铅封或塑带封，铅封或塑带封是一次性使用的，凡是保险销上铅封或塑带封有脱落、断裂现象，说明该灭火器已被使用过。

5. 标识的检查

标识也称贴花，一般用印刷的不干胶贴在筒体的外表，标识的检查主要检查标识的内容是否正确完整。标识的检查内容应该有灭火器名称、型号、灭火级别、使用温度范围、驱动气体数量和名称、制造厂商名称、灭火器的使用方法等。

灭火器上标识：MF（L）8 依次表示为：灭火器、干粉灭火剂、干粉灭火剂特征代号（L 表示磷酸钾盐干粉灭火剂）、充装干粉灭火剂重量 8kg。

6. 筒体永久性标识的检查

标记一般都是钢印的，钢印的内容有 2 条，出厂日期和灭火器的水压试验压力，一般还有出厂编号。钢印一般打在灭火器筒体上部颈圈外表或在筒体下部不受压的底圈外部。

7. 外观检查

灭火器筒体严重锈蚀的（漆皮大面积脱落，锈蚀面积大于或等于筒体面积的 1/3）或连接部位筒体严重锈蚀的；内扣式器头没有或未装卸气螺钉或固定螺钉的；灭火剂量大于或等于 4kg 灭火器未安装间歇喷射机构的；灭火器筒体严重变形的；没有生产厂家名称和出厂年份的；灭火器出厂日期算起达到如下年限的必须报废（手提式干粉灭火器 8 年）。

（二）维修技术要求

（1）经过维修的各种灭火器必须符合该产品国家标准或行业标准的要求。

（2）维修单位必须按规定，逐一对灭火器筒体进行水压试验。另外，灭火器已经使用，虽未达到规定的期限，但外观检查发现筒身有磕碰，焊缝外观质量不符合规定要求的，亦应进行水压试验检查。为防止污染环境，水压试验前应将筒体内的灭火剂分别放入相应的储罐内。水压试验压力为灭火器设计压力的1.5倍。试验时不得有渗漏和宏观变形（残余变形量等于或大于6%）等影响强度的缺陷。

（3）水压试验合格的筒体，贴花完整，但有部分漆皮脱落的，应重新涂漆。

（4）水压试验合格的筒体（水型的灭火器除外），均应进行烘干。

（5）灭火器的橡胶、塑料件不得用有机溶剂洗涤。变形、变色、老化或断裂的必须更换。

（6）压力表外表面不得有变形、损伤等缺陷。压力值的显示应正常，否则应更换压力表。

（7）喷嘴有变形、开裂、损伤等缺陷的，必须更换。防尘盖应保证灭火剂喷出时能够自行脱落或击碎。

（8）顶针不得有肉眼可见的缺陷，否则必须更换。

（9）密封片、密封垫等密封零件必须更换，并符合密封要求。干粉灭火器的防潮膜必须更换，并符合 GB 4351.1—2005《手提式灭火器 第1部分：性能和结构要求》的规定。

（10）灭火器的出气管不应有弯折、堵塞、损伤和裂纹等缺陷，否则必须更换。

（11）二氧化碳储气瓶（以下简称储气瓶）。

（12）储气瓶必须符合 GB 4351.1—2005《手提式灭火器 第1部分：性能和结构要求》第6.13条的要求。

（13）储气瓶从出厂日期算起五年后，以后每隔三年必须按 GB 4351—2023《手提式灭火器》的3.6.2款的要求做水压试验。水压试验不合格者必须更换。

（14）没有按 GB 4351—2023《手提式灭火器》第6.3条的要求打钢印的储气瓶必须更换。

（15）器头不允许存在裂纹、螺纹失效等缺陷，否则必须更换。

（16）塑料器头使用二年后必须与筒体一起做水压试验检查，不合格者必须更换。

（17）金属器头从出厂之日起，每隔五年必须筒体一起做一次水压试验，不合格者必须更换。

（18）化学泡沫灭火器的内剂瓶不得有裂纹等缺陷，否则必须更换。

（19）水型或泡沫型灭火器的滤网损坏的，必须更换。

（20）所有需更换的灭火器零、部件应尽可能采用原生产厂生产的。若采用其他厂或自制的零部件，必须符合国家标准、行业标准和灭火器生产厂的设计要求。

（21）经过维修的灭火器，其充装的灭火剂应符合有关灭火剂的标准要求。

（22）经维修后的灭火器，必须在灭火器的筒身和储气瓶上分别贴上永久性维修铭牌。

（23）铭牌的位置在灭火器生产厂贴花的背面筒身上。

（24）铭牌的尺寸推荐为 70mm×50mm。

（25）铭牌的颜色推荐为白底黑字。

（26）铭牌应有如下内容：维修单位的名称；维修许可证编号；筒体水压试验压力值（MPa）；维修的年、月。

（27）每次维修的铭牌不允许相互覆盖。

（28）储气瓶永久性的维修铭牌（不允许打钢字）上，应标明储气瓶的充装系数，驱动气体充装量，同时还应有维修单位名称和充气的年、月。

（三）报废

灭火器有下列情况之一者，必须报废：

（1）筒体进行水压试验，不合格的必须报废，不允许补焊。

（2）筒体严重锈蚀（漆皮大面积脱落，锈蚀面积大于、等于筒体总面积的 1/3 者）或连接部位、筒底严重锈蚀的。

（3）内扣式器头没有（或未安装）卸气螺钉和固定螺钉的。

（4）手轮式阀门的二氧化碳灭火器，必须更换压把式阀门。

（5）灭火剂量大于等于 4 kg 的灭火器，应更换带间歇喷射机构的器头或增装喷枪，无法更换的应报废。

（6）筒体严重变形的。

（7）结构不合理的（如筒体平底的；储气瓶外置，进气管从筒身上进入筒体内部的干粉灭火器）。

（8）没有生产厂名称和出厂年月的（含贴花脱落，或虽有贴花，但已看不清生产厂名称和出厂年月的）。

（9）未取得生产许可证的厂家生产的。

（10）公安部或各省（市、区）公安消防部门明令禁止销售和维修的。

（11）灭火器的报废年限灭火器从出厂日期算起，达到如下年限的，必须报废：

①手提式化学泡沫灭火器——5 年；

②手提式酸碱灭火器——5 年；

③手提式清水灭火器——6 年；

④手提式干粉灭火器（储气瓶式）——8 年；

⑤手提储压式干粉灭火器——10 年；

⑥手提式 1211 灭火器——10 年；

⑦手提式二氧化碳灭火器——12 年；

⑧推车式化学泡沫灭火器——8 年；

⑨推车式干粉灭火器（储气瓶式）——10 年；

⑩推车储压式干粉灭火器——12 年；

⑪推车式 1211 灭火器——10 年；

⑫推车式二氧化碳灭火器——12 年。

第二节 固定式消防设施

一、消火栓

（一）消火栓的分类

消防栓，正式叫法为消火栓，一种固定式消防设施，主要作用是控制可燃物、隔绝助燃物、消除着火源。

1. 室内消火栓

室内消火栓是室内管网向火场供水的，带有阀门的接口，为工厂、仓库、高层建筑、公共建筑及船舶等室内固定消防设施，通常安装在消火栓箱内，与消防水带和水枪等器材配套使用。减压稳压型消火栓为其中一种。

2. 室外消火栓

室外消火栓是设置在建筑物外面消防给水管网上的供水设施，主要供消防车从市政给水管网或室外消防给水管网取水实施灭火，也可以直接连接水带、水枪出水灭火。所以，室外消火栓系统也是扑救火灾的重要消防设施之一。

3. 旋转消火栓

旋转消火栓是栓体可相对于与进水管路连接的底座水平360°旋转的室内消火栓。它具有栓体与底座相对旋转的特点，因而可以在超薄箱体内安装，使得箱体减薄成为可能。当消火栓不使用时，可将栓体出水口旋转至与墙体平行状态，即可关闭箱门；在使用时，将栓体出水口旋出与墙体垂直，即可接驳水带，便于操作。

4. 地下消火栓

地下消火栓是一种室外地下消防供水设施。用于向消防车供水或直接与水带、水枪连接进行灭火，是室外必备消防供水的专用设施。安装于地下，不影响市容、交通。地下消火栓由阀体、弯管、阀座、阀瓣、排水阀、阀杆和接口等零部件组成。地下消火栓是城市、厂矿、电站、仓库、码头、住宅及公共场所必不可少的灭火供水装置，尤其是市区及河道较少的地区更需装设。产品的结构合理、性能可靠、使用方便。当采用地下式消火栓时，应有明显标志。寒冷地区多见地下式消火栓。

5. 地上消火栓

地上消火栓是一种室外地上消防供水设施,用于向消防车供水或直接与水带、水枪连接进行灭火,是室外必备消防供水的专用设施。它上部露出地面,标志明显,使用方便。地上消火栓由阀体、弯管、阀座、阀瓣、排水阀、阀杆和接口等零部件组成。地上消火栓是一种城市必备的消防器材,尤其是市区及河道较少的地区更需装设,以确保消防供水需要。各厂矿、仓库、码头、货场、高楼大厦、公共场所等人口稠密的地区有条件都应该安装。

6. 双口双阀消火栓

双口双阀消火栓是室内消火栓的一种,《高层民用建筑设计防火规范》规定:以下情况,当设两根消防竖管有困难时,可设一根竖管,但必须采用双阀双出口型消火栓。

(1)十八层及十八层以下的单元式住宅。

(2)十八层及十八层以下、每层不超过 8 户、建筑面积不超过 $650m^2$ 的塔式住宅。

7. 室外直埋伸缩式消火栓

室外直埋伸缩式消火栓是一种具有平时消火栓收缩在地面以下,使用时拉出地面工作的特点的消火栓,和地上消火栓相比,避免了碰撞,防冻效果好;和地下消火栓相比,不需要建地下井室,在地面以上连接,工作方便;并且室外直埋伸缩式消火栓的接口方向可根据接水需要而 360° 旋转,使用更加方便。

(二) 消火栓的使用

1. 室内使用

(1)打开消火栓门,按下内部启泵报警按钮(按钮是启动消防泵和报警的)。

(2)一人接好枪头和水带奔向起火点。

(3)另一人将水带的另一端接在栓头铝口上。

(4)逆时针打开阀门水喷出即可。注意:电起火要确定切断电源。

2. 室外使用

(1)用扳手打开地下消火栓的水袋口连接开关。

(2)将消防水带进行连接。

(3)用扳手打开地下消火栓的出水阀门开关。

（4）连接水带口及出水枪头。

（5）至少两人手拿喷水枪头，向火源喷水直到火熄灭为止。

(三) 技术要求

（1）当建筑物在市政消火栓保护半径 150m 以内，且消防用水量不超过 15L/s 时，可不设室外消火栓。

（2）室外消火栓应沿高层建筑周围均匀布置，并不宜集中在建筑物一侧。人防工程室外消火栓距人防工程入口不宜小于 5m。

（3）停车场的室外消火栓宜沿停车场周边设置，且距离最近一排汽车不宜小于 7m，距加油站或库不宜小于 15m。

（4）室外消火栓应设置在便于消防车使用的地点。

（5）室外消火栓宜采用地上式，当采用地下式消火栓时，应有明显标志。寒冷地区采用地下式，非寒冷地区宜采用地上式，地上式有条件可采用防撞型。

（6）室外地上式消火栓应有一个直径为 150mm 或 100mm 和两个直径为 65mm 的栓口。室外地下式消火栓应有直径为 100mm 和 65mm 的栓口各一个。

（7）室外消火栓的保护半径不应超过 150m，间距不应超过 120m。

（8）室外消火栓距路边不应超过 2m，距房屋外墙不宜小于 5m。

（9）当室内、室外消火栓由市政给水管直接供水，且采用独立消防给水系统时，应在与市政给水管网接口处设置倒流防止器。

（10）干式消火栓系统的充水时间不应大于 5min。

（11）室外消火栓的布置数量应根据消火栓的保护半径和室外消火栓消防用水量等综合计算确定，每个室外消火栓的出流量宜按 15L/s 计算，与保护对象的距离在 5~40m 范围内的市政消火栓，可计入室外消火栓的数量内。

（12）室外消火栓应沿高层建筑周围均匀布置，并不宜集中布置在建筑物一侧，高层建筑扑救面一侧室外消火栓的数量不宜小于 2 个。

（13）从市政给水管网的入户管在倒流防止器前应设置一个室外消火栓。

（14）消防给水管网应用阀门分成若干独立段，每段内消火栓的数量不宜超过 5 个。

（15）室外消火栓距消防水泵接合器的距离，不宜小于 15m，也不宜大于 40m。

二、消防喷淋系统

(一)消防喷淋系统的分类

1. 人工控制系统

人工控制就是当发生火灾时需要工作人员打开消防泵为主干管道供压力水,喷淋头在水压作用下开始工作。

2. 自动控制系统

自动控制消防喷淋系统是一种在发生火灾时,能自动打开喷头喷水灭火并同时发出火灾报警信号的消防灭火设施。自动喷淋灭火系统具有自动喷水、自动报警和初期火灾降温等优点,并且可以和其他消防设施同步联动工作,因此能有效控制、扑灭初期火灾。现已广泛应用于建筑消防中。

3. 自动消防喷淋系统

自动消防喷淋系统分为感烟式自动消防喷淋系统和感温式自动消防喷淋系统两种。

(二)工作原理

1. 闭式消防喷淋系统

平时屋顶消防水箱装满水,当发生火灾时喷头在温度达到一定温度后(一般是68℃)喷头镀铬熔化,管内的水在消防水箱水压的作用下自动喷出,这时湿式报警阀自动打开,阀内的压力开关自动打开,而这个压力开关又和信号线和消防泵连锁,泵就自动启动了。然后喷淋泵把水池的水通过管道提供到管网,整个消防系统开始工作。

2. 开式消防喷淋系统

系统装有烟感探头对烟气进行侦测,当烟气达到一定浓度时,感烟探头报警,经主机确认后反馈到声光报警器动作,发出声音或闪烁灯光警告人们,并联动防排烟风机启动,开始排烟,同时打开雨淋阀的电磁阀,再联动喷淋泵,开启喷头直接喷水。

第六章
安全应急

　　生产现场复杂多变，并存在着许多风险，建立和完善应急体系、掌握自救互救知识技能，可以最大限度地减轻或者消除事故造成的损失，保证广大员工和群众的生命财产。

第一节　应急预案编制与演练

应急预案是指为有效预防和控制可能发生的事故,最大程度减少事故及其造成损害而预先制定的工作方案。GB/T 29639—2013《生产经营单位生产安全事故应急预案编制导则》规定了生产经营单位编制安全生产事故应急预案的程序、内容和要素等基本要求。

应急预案针对具体设备、设施、场所或环境,在危害辨识分析的基础上,评估了事故形式、发展过程、危害范围和破坏区域的条件下,为降低事故造成的人身、财产与环境损失,就事故发生后的应急救援机构和人员,应急救援的设备、设施、条件和环境,行动的步骤和纲领,控制事故发展的方法和程序等,预先做出的科学而有效的计划和安排。

应急预案在应急救援中的作用:

(1)明确了应急救援的范围和体系,使应急准备和管理有据可依,有章可循。

(2)有利于做出及时的应急响应,降低事故后果。

(3)各类突发重大事故的应急基础。

(4)当发生超过应急能力的重大事故时,便于与上级、外部应急部门协调。

(5)有利于增强风险防范意识。

一、应急预案体系的构成

生产安全事故应急预案体系由综合应急预案、专项应急预案和现场处置方案构成。生产经营单位风险种类多、可能发生多种事故类型的,应当组织编制本单位的综合应急预案。对于某一种类的风险,生产经营单位应当根据存在的重大危险源和可能发生的事故类型,制定相应的专项应急预案。对于危险性较大的重点岗位,生产经营单位应当制定重点工作岗位的现场处置方案。生产规模小、危险因素少的生产经营单位,综合应急预案和专项应急预案可以合并编写。

(一)综合应急预案

综合应急预案是生产经营单位应急预案体系的总纲,主要从总体上阐述事故的应急工作原则,包括生产经营单位的应急组织机构及职责、应急预案体系、事故风险描述、预警及信息报告、应急响应、保障措施、应急预案管理等内容。

（二）专项应急预案

专项应急预案是生产经营单位为应对某一类型或某几种类型事故或者针对重要生产设施、危险等内容制定的应急预案。专项应急预案主要包括事故风险分析、应急指挥机构及职责、处置程序和措施等内容。

（三）现场处置方案

现场处置方案是生产经营单位根据不同事故类别，针对具体的场所、装置或设施所制定的应急处置措施，主要包括事故风险分析、应急工作职责、应急处置和注意事项等内容。生产经营单位应根据风险评估、岗位操作规程以及危险性控制措施，组织本单位现场作业人员及相关专业人员共同进行编制现场处置方案。

二、应急预案的编制

根据要求，生产经营单位应急预案编制包括成立应急预案编制工作组、资料收集、风险评估、应急能力评估、编制应急预案和应急预案评审 6 个步骤。

（一）成立应急预案编制工作组

生产经营单位应结合本单位部门职能和分工，成立以单位主要负责人（或分管负责人）为组长，单位相关部门人员参加的应急预案编制工作组，明确工作职责和任务分工，制定工作计划，组织开展应急预案编制工作。

（二）资料收集

应急预案编制工作组应收集与预案编制工作相关的法律法规、技术标准、应急预案、国内外同行业企业事故资料，同时收集本单位安全生产相关技术资料、周边环境影响、应急资源等有关资料。

（三）风险评估

（1）分析生产经营单位存在的危险因素，确定事故危险源。

（2）分析可能发生的事故类型及后果，并指出可能产生的次生事故、衍生事故。

（3）评估事故的危害程度和影响范围，提出风险防控措施。

（四）应急能力评估

在全面调查和客观分析生产经营单位应急队伍、装备、物资等应急资源状况基础上开展应急能力评估，并依据评估结果，完善应急保障措施。

（五）编制应急预案

依据生产经营单位风险评估及应急能力评估结果，组织编制应急预案。应急预案编制应注重系统性和可操作性，做到与相关部门和单位应急预案相衔接。

（六）应急预案评审

应急预案编制完成后，生产经营单位应组织评审。评审分为内部评审和外部评审，内部评审由生产经营单位主要负责人组织有关部门和人员进行。外部评审由生产经营单位组织外部有关专家和人员进行评审。应急预案评审合格后，由生产经营单位主要负责人（或分管负责人）签发实施。

三、应急预案的演练

生产经营单位应当制定本单位的应急预案演练计划，根据本单位的事故预防重点，每年至少组织一次综合应急预案演练或者专项应急预案演练，每半年至少组织一次现场处置方案演练。

（一）应急演练目的

1. 检验预案

通过开展应急演练，查找应急预案中存在的问题，进而完善应急预案，提高应急预案的实用性和可操作性。

2. 完善准备

通过开展应急演练，检查应对突发事件所需应急队伍、物资、装备、技术等方面的准备情况，发现不足及时予以调整补充，做好应急准备工作。

3. 锻炼队伍

通过开展应急演练，增强演练组织单位、参与单位和人员等对应急预案的熟悉程度，提高其应急处置能力。

4. 磨合机制

通过开展应急演练，进一步明确相关单位和人员的职责任务，理顺工作关系，完善应急机制。

5. 科普宣教

通过开展应急演练，普及应急知识，提高公众风险防范意识和自救互救等灾害应对能力。

（二）应急演练原则

1. 结合实际、合理定位

紧密结合应急管理工作实际，明确演练目的，根据资源条件确定演练方式和规模。

2. 着眼实战、讲求实效

以提高应急指挥人员的指挥协调能力、应急队伍的实战能力为着眼点。重视对演练效果及组织工作的评估、考核，总结推广好经验，及时整改存在问题。

3. 精心组织、确保安全

围绕演练目的，精心策划演练内容，科学设计演练方案，周密组织演练活动，制订并严格遵守有关安全措施，确保演练参与人员及演练装备设施的安全。

4. 统筹规划、厉行节约

统筹规划应急演练活动。适当开展跨地区、跨部门、跨行业的综合性演练，充分利用现有资源，努力提高应急演练效益。

（三）应急演练分类

1. 按组织形式划分

1）桌面演练

桌面演练是指参演人员利用地图、沙盘、流程图、计算机模拟、视频会议等辅助手段，针对事先假定的演练情景，讨论和推演应急决策及现场处置的过程，从而促进相关人员掌握应急预案中所规定的职责和程序，提高指挥决策和协同配合能力。桌面演练通常在室内完成。

2）实战演练

实战演练是指参演人员利用应急处置涉及的设备和物资，针对事先设置的突发事件情景及其后续的发展情景，通过实际决策、行动和操作，完成真实应急响应的过程,从而检验和提高相关人员的临场组织指挥、队伍调动、应急处置和后勤保障等应急能力。实战演练通常要在特定场所完成。

2. 按内容划分

1)单项演练

单项演练是指只涉及应急预案中特定应急响应功能或现场处置方案中一系列应急响应功能的演练活动。注重针对一个或少数几个参与单位(岗位)的特定环节和功能进行检验。

2)综合演练

综合演练是指涉及应急预案中多项或全部应急响应功能的演练活动。注重对多个环节和功能进行检验,特别是对不同单位之间应急机制和联合应对能力的检验。

3. 按目的与作用划分

1)检验性演练

检验性演练是指为检验应急预案的可行性、应急准备的充分性、应急机制的协调性及相关人员的应急处置能力而组织的演练。

2)示范性演练

示范性演练是指为向观摩人员展示应急能力或提供示范教学,严格按照应急预案规定开展的表演性演练。

3)研究性演练

研究性演练是指为研究和解决突发事件应急处置的重点、难点问题,试验新方案、新技术、新装备而组织的演练。

不同类型的演练相互组合,可以形成单项桌面演练、综合桌面演练、单项实战演练、综合实战演练、示范性单项演练、示范性综合演练等。

(四)应急演练的组织与实施

一次完整的应急演练活动包括计划、准备、实施、评估总结和改进 5 个阶段,如图 6-1 所示。

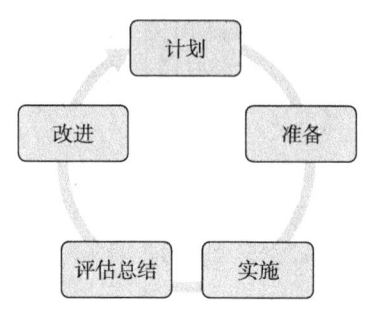

图 6-1 应急演练基本流程示意图

计划阶段的主要任务：明确演练需求，提出演练的基本构想和初步安排。

准备阶段的主要任务：完成演练策划，编制演练总体方案及其附件，进行必要的培训和预演，做好各项保障工作安排。

实施阶段的主要任务：按照演练总体方案完成各项演练活动，为演练评估总结收集信息。

评估总结阶段的主要任务：评估总结演练参与单位在应急准备方面的问题和不足，明确改进的重点，提出改进计划。

改进阶段的主要任务：按照改进计划，由相关单位实施落实，并对改进效果进行监督检查。

1. 计划

演练组织单位在开展演练准备工作前应先制定演练计划。演练计划是有关演练的基本构想和对演练准备活动的初步安排，一般包括演练的目的、方式、时间、地点、日程安排、演练策划领导小组和工作小组构成、经费预算和保障措施等。在制定演练计划过程中需要确定演练目的、分析演练需求、确定演练内容和范围、安排演练准备日程、编制演练经费预算等。

演练计划编制完成后，应按相关管理要求，呈报上级主管部门批准。演练计划获准后按计划开展具体演练准备工作。

2. 准备

演练准备阶段的主要任务是根据演练计划成立演练组织机构，设计演练总体方案，并根据需要针对演练方案进行培训和预演，为演练实施奠定基础。

演练准备的核心工作是设计演练总体方案，演练总体方案是对演练活动的详细安排。演练总体方案的设计包括确定演练目标、设计演练情景与演练流程、设计技术保障方案、设计评估标准与方法、编写演练方案文件等内容。

第六章 安全应急

3. 实施

演练实施是对演练方案辅助行动的过程，是整个演练程序中核心环节。

（1）演练前检查设备设施，参与演练人员身份核查。

（2）演练前对演练现场规则，以及演练情景和演练计划中相关内容进行说明。

（3）演练启动。

（4）演练执行。

（5）演练结束与意外终止。

演练完毕，由总策划发出结束信号，演练总指挥或总策划宣布演练结束。演练结束后所有人员停止演练活动，按预定方案集合进行现场总结讲评或者组织疏散，对演练场地进行清理和恢复。

演练实施过程中出现下列情况，经演练领导小组决定，由演练总指挥或总策划按照事先规定的程序和指令终止演练：

①出现真实突发事件，需要参演人员参与应急处置时，要终止演练，使参演人员迅速回归其工作岗位，履行应急处置职责；

②出现特殊或意外情况，短时间内不能妥善处理或解决时，可提前终止演练。

（6）现场点评会。

演练组织单位在演练活动结束后，应组织针对本次演练现场点评会，其中包括专家点评、领导点评、演练参与人员的现场信息反馈等。

4. 评估总结

1）演练评估

演练评估是指观察和记录演练活动、比较演练人员表现与演练目标要求并提出演练发现问题的过程。演练评估目的是确定演练是否已经达到演练目标的要求，检验各应急组织指挥人员及应急响应人员完成任务的能力。

2）总结报告

（1）召开演练评估总结会议。由演练组织单位召集评估组和所有演练参与单位，讨论本次演练的评估报告，并从各自的角度总结本次演练的经验教训，讨论确认评估报告内容，并讨论提出总结报告内容，拟定改进计划，落实改进责任和时限。

（2）编写演练总结报告。在演练评估总结会议结束后，根据演练记录、演练评估报告、应急预案、现场总结等材料，对演练进行系统和全面的总结，并形成演练总结报告。演练参与单位也可对本单位的演练情况进行总结。

演练总结报告的内容包括：演练目的，时间和地点，参演单位和人员，演练方案概要，发现的问题与原因，经验和教训，以及改进有关工作的建议、改进计划、落实改进责任和时限等。

3）文件归档与备案

演练组织单位在演练结束后应将演练计划、演练方案、各种演练记录（包括各种音像资料）、演练评估报告、演练总结报告等资料归档保存。

对于由上级有关部门布置或参与组织的演练，或者法律、法规、规章要求备案的演练，演练组织单位应当将相关资料报有关部门备案。

5. 改进

1）改进行动

对演练中暴露出来的问题，演练组织单位和参与单位应按照改进计划中规定的责任和时限要求，及时采取措施予以改进，包括修改完善应急预案、有针对性地加强应急人员的教育和培训、对应急物资装备有计划地更新等。

2）跟踪检查与反馈

演练总结与讲评过程结束之后，演练组织单位和参与单位应指派专人，按规定时间对改进情况进行监督检查，确保本单位对自身暴露出的问题做出改进。

第二节 触电应急处置与用电安全

一、触电伤害概念

人体触及带电体或者带电体与人体之间闪击放电,或者电弧波及人体时,电流通过人体进入大地或者其他导体,这种情况称为触电。

触电时人体会受到某种程度的伤害,按其形式又可分为电击和电伤两种。

(1)电击是指电流流经人体内部,引起疼痛发麻、肌肉抽搐,严重的会引起强烈痉挛,心室颤动或呼吸停止,甚至由于人体心脏、呼吸系统以及神经系统的致命伤害造成死亡。绝大部分触电是电击造成的。

(2)电伤是指触电时,人体与带电体接触部分的电烙印,或者是由于被电流融化和蒸发的金属微粒等侵入人体皮肤引起的皮肤金属化。这些伤害会给人留下伤痕,严重时也可能致人死亡。电伤通常是由电流的热效应、化学效应或机械效应造成的。

二、触电方式

(1)单相触电:中线接地的单相触电;中线不接地的单相触电。

(2)两相触电:人体两处同时触及两相带电体的触电事故。

(3)跨步电压触电:当带电体接地有电流,流入地下时,电流在接地点周围土壤中产生电压降,人在接地点周围两脚之间的电压即跨步电压,由此引起的触电事故叫跨步电压触电。距地点周围20m范围为危险区。高压故障接地处或有大电流流过的接地装置附近都可能出现较高的跨步电压。

三、触电防护

触电的防护措施主要是指为了防止直接电击或间接电击而采取的通用基本安全措施。

(1)绝缘防护:电气设备和线路都是由导电部分和绝缘部分组成的,良好的绝缘能保证设备正常运行和人不会接触带电部分。

(2)屏障防护:采用遮拦、栅栏、护罩、护盖和箱匣等,把电气装置的带电体同外界隔开,确保无绝缘或绝缘水平低的电气装置运行安全。安装在室外的遮拦或栅栏高度不低于 1.7m，下边离地不超过 0.1m，室内高度不低于 1.2m。

（3）安全间距防护：就是避免因碰到或靠近带电体而造成事故所需要的距离，因此要求带电体与地面间，带电体与其他设备之间要有一定的距离。

（4）接地接零保护：是把电气设备某一部分，通过接地装置，同大地紧密联系在一起。安全接地是指触电保护接地、防雷接地、防静电接地和防屏蔽接地。

（5）漏电保护：用于防止漏电而引起的触电事故，防止单相触电事故，防止漏电引起火灾事故，监视或切除一相接地故障。

（6）安全电压：是为了防止触电事故而采用的特殊电源供电的电压。它是以人体允许电流与人体电阻的乘积为依据而确定的。我国规定 6V、12V、24V、36V、42V 为安全电压。

为防止触电事故的发生，还必须认真做到以下几点：

（1）手潮湿时不能接触带电设备和电源线。

（2）各种电气设备必须安装接地线。

（3）开关一定要安装在火线上。

（4）在接换熔断丝时，应切断电源。

（5）正确选用电线。

（6）在任何情况下，均不得用手来鉴定接线端或裸导线是否带电。

（7）在电气设备发生火灾时，应立即切断电源，并用灭火器扑灭。

四、触电的急救

触电急救的基本原则为动作迅速、方法正确。

（一）迅速脱离电源

1. 低压触电事故的处理

（1）若触电地点附近有电源开关或电源插头，可立即拉开开关或拔下插头，断开电源。

（2）若触电地点附近没有电源开关或电源插头，可用有绝缘柄的电工钳或有干燥木柄的刀斧切断电源，或用干木等绝缘物插入触电者身下，以隔断入地电源。

（3）当电线搭落在触电者身上或压在身下时，可以用干燥的或绝缘物件拉开触电者或挑开电线，使触电者脱离电源。

（4）若触电者衣服是干燥的，又没有紧缠在身上，可以用一只手拉其衣服，使其脱离电源；但因触电者的身体是带电的，其鞋绝缘也可能遭到破坏，救护人不得接触触电者的皮肤，也不能抓他的鞋。

2. 高压触电事故的处理

（1）立即通知有关部门停电。

（2）戴上绝缘手套、穿上绝缘鞋，用相应电压等级的绝缘工具按顺序拉开开关。

（3）抛掷金属物线使线路短路接地，迫使保护装置动作，断开电源。注意，抛金属物线前，应先将其金属物线一端可靠接地，抛掷的金属线一定要在抛掷后不能触及自己和他人。

（二）对症救治

（1）若伤势较轻，可以使其安静休息，并密切观察。

（2）若伤势较重，无知觉，无呼吸，但心脏有跳动，应进行人工呼吸；如有呼吸，但心脏停止跳动，应采用人工体外心脏按压法。

（3）若伤势较严重，心跳、呼吸都停止，瞳孔放大，失去知觉，则应同时进行人工呼吸和人工体外心脏按压。

（三）救治方法

1. 人工呼吸法

（1）迅速清理触电者嘴里的东西，使头尽量后仰，让鼻口朝天，以保呼吸道畅通；解开其领口，头下不可垫枕头。

（2）救护者用一只手捏紧触电者的鼻孔，另一只手掰开嘴，如嘴掰不开，可用口对鼻孔吹气。

（3）救护者深呼吸后，吹 2s，停 3s，即每 5s 完成一次呼吸最为适当。

2. 人工胸外心脏按压法

（1）若触电者心脏停止跳动，应将其衣服解开，使其仰卧地或硬板上，找到正确的挤压点。

（2）救护者跨腰跪在伤者的腰部，两手相叠，手根部放在心口窝稍高一点的地方，掌根放在胸骨的下 1/3 部位。

（3）手掌用力向下挤压，成人压陷 3～5cm（用力要匀），每秒挤压一次，挤压后手掌根很快放松，让伤员胸廓自动复原。

3. 现场急救注意事项

（1）任何药物均代替不了人工呼吸和胸外心脏按压。
（2）要慎重使用肾上腺素，对于有心跳的触电者不能使用肾上腺素。
（3）对触电者严禁乱打强心针。

五、油气集输站库电气设备安全

电气安全主要包括人身安全与设备安全两个方面。人身安全是指从事电气工作和电气设备操作使用过程中人员的安全；设备安全是指电气设备及有关设备的安全。

为了防止电气工作中的事故，确保人身安全和设备安全，电气设备在设计、制造和安装时，在安全技术上应满足以下要求：

（1）对地面裸露和人身容易触及的带电设备采取可靠的防护措施。
（2）设备带电部分对地和其他带电部分相互间要保持一定的安全距离。
（3）对易产生过电压危害的电力系统采用避雷针、避雷线、避雷器、保护间隙等过电压保护装置。
（4）对低压电力系统采用接地、接零保护。
（5）对各种高压用电设备采用电容器、自动开关、断电等不同类型的保护措施；对低压用电设备则采用相应的低压电器进行保护。
（6）在电气设备系统和有关工作场所安装安全标志。
（7）根据某些电气设备的特性和要求采取特殊的安全措施。

六、低压设备操作的安全规程

（1）停电检修必须办理工作票，值班人员验票无误后，按指令操作：停电、验电、接地线，并在其刀闸操作把手上挂"禁止合闸，有人工作"标示牌，装设栏杆。检修完毕送电前，必须清理现场，并得到许可命令后，方可合闸。
（2）在低压配电箱上工作，应使用有绝缘柄的工具，戴绝缘手套，穿绝缘靴，操作时应设专人监护，至少由二人共同进行。
（3）低压回路停电更换熔断器后，恢复操作时，可不必戴手套和护目镜。
（4）在 35kV 设备上进行工作，工作人员正常的工作活动范围与带电设备的安全距离至少为 0.60m。
（5）电压等级为 10kV 及以下时，设备不停电时的安全距离为 0.35m。

七、低压带电作业安全要求

（1）严禁雷、雨、雪天气及六级以上大风天气在户外带电作业；有雷电时，还应禁止在室内带电作业。雷电天气，系统容易引起雷电过电压，危及作业人员的安全，不应进行室内、室外带电作业；雨雪天气，气候潮湿，不宜带电作业。

（2）禁止在潮湿和潮气过大的室内带电作业；禁止在工作位置过于狭窄的场所带电作业。

（3）线路运行维护单位或工作负责人认为有必要时，应组织有经验的人员到现场勘查。根据勘察结果判断是否进行带电作业，并确定作业方法、所需工具，以及应采取的措施。

（4）带电作业人员必须由经过培训并考试合格的人员担任，工作时不少于2人，1人作业，1人监护，保持对带电体的安全距离。

（5）低压带电工作必须严格执行监护制度，设专人监护。在带电工作过程中，监护人不得离开工作现场或委托他人监护，若发现作业人员胆怯或有其他不正常身心状态，应令其停止工作。监护人应由具有带电作业实践经验的人员担任，监护人不得直接操作。监护的范围不得超过一个作业点。复杂的或高杆塔上的作业应增设（塔上）监护人。带电作业时由于作业场地、空间狭小，带电体之间、带电体与地之间绝缘距离小，或由于作业时的错误动作，均可能引起触电事故，因此必须有专人监护；监护人应始终在工作现场，并对作业人员进行认真监护，随时纠正不正确的动作，发现作业人员有可能触及带电体时，可及时提醒，以防造成触电事故。万一发生意外事故，监护人可立即拔掉电源插座，或拉断刀闸开关。

（6）低压带电作业前，必须断开所有负载的电源开关。

（7）上杆作业前，应先分清火线、零线、地线，并做好相应的记录和标记，选好工作位置。在登杆前，应在地面上先分清火线、地线，只有这样才能选好杆上的作业位置和角度。在地面辨别火线、地线时，一般根据一些标志和排列方向、照明设备接线等进行辨认。初步确定火线、地线后，可在登杆后用验电器或低压试电笔进行测试，必要时可用电压表进行测量。

（8）低压带电作业，必须防止人身同时接触两根导线或一导线与接地体；两人同杆工作时，只许一人接触带电部分，一根杆上只许一人断导线、接导线。低压带电作业时，严防作业时同触两根线头的违章作业行为，每拆除或搭接完成一根导线时须用绝缘胶布包扎、固定。若人体同时接触两根线头，则人体串入电路，通过的电流将足以致命，造成人体触电伤害，所采取的安全措施、绝缘隔离等将全部不起作用，必须杜绝。

（9）接触带电导线前必须认真检查导线绝缘胶皮是否完整，如有破损要马上用绝缘胶布包扎好，对低压带电导线未采取绝缘措施前，作业人员不得在线间穿越，人体不能同时接触两根导线。

（10）断开导线时，应先断开火线后断开零线，搭接导线时顺序相反，先接零线，后接火线。三相四线制线路正常情况下接有动力、家电及照明等各类单相、三相负荷。当带电断开该低压线时，如先断开了零线，则因各相负荷不平衡使该电源系统中性点会出现较大数值的位移电压，造成零线带电，断开时将会产生电弧，亦相当于带电断负荷的情形。所以应严格执行规程规定，当带电断开线路时，应先断火线后断地线，接通时则应先接零线后接火线。切断火线时，必须先用钳形测量电流，电流较大时，必选戴护目镜，用手柄长的钳子，并有防止弧光线间短路的措施。

（11）高压、低压同杆架设，在低压带电线路上工作时，应先检查与高压线的距离，采取防止误碰带电高压设备的措施，作业人员正常工作的活动范围与高压带电体的距离不小于表6-1的规定。

表6-1 工作活动范围与高压带电体的安全距离

电压等级，kV	10	35	60～110	200	330	500
距离，m	0.35	0.6	1.5	3	4	5

（12）在低压带电裸导线的线路上工作时，工作人员在没有采取绝缘措施的情况下，不得穿越其线路，也应防止人体同时触及两根带电导线或一根导线与接地体。

（13）在低压配电装置上带电作业，应采取防止相间短路及相与地短路的绝缘隔离措施。

（14）杆上作业，传递工具必须用绝缘物品，不得投掷或两人同时触及一件工具或同金属部件的金属部分。

（15）低压带电工作必须保证足够的安全距离，而且带电部分只能位于检修人员的一侧；若其他侧还带有带电部分而又无法采取安全措施，则必须将其他侧的电源切断。

（16）带电工作时间不宜过长，必须间断进行，以免工作人员注意力分散而发生事故。

（17）低压带电工作前操作人员须检查绝缘安全用具是否存在损坏、受潮、变形、失灵试验过期情况，确定绝缘无疑。

（18）所有工具都必须有完整的绝缘手柄，并须有监护人员再次检查绝缘确定无误。不停电检修使用的绝缘安全用具应经过检查和试验。

（19）在带电的低压设备上工作，应站在干燥的绝缘垫、绝缘站台或其他绝缘物上进行，严禁使用锉刀、金属尺和带有金属物的毛刷、毛掸等工具。低压接户应随身携带低压验电笔。

（20）在带电的低压设备上工作时，作业人员应穿绝缘鞋、全棉长袖工作服、戴绝缘手套、安全帽和护目眼镜。穿长袖工作服可防止手臂同时触及带电和接地体引起短路和烧伤事故；戴绝缘手套可以防止作业时手触及带电体；戴安全帽可以防止作业过程中头部同时触及带电体及接地的金属盘架，造成头部接近短路或头部碰伤。

（21）在带电作业过程中如设备突然停电，应视设备仍然带电。

（22）装表接电。

①配电箱、电表箱应可靠接地。工作人员在接触配电箱、电表箱前，应先检查接地装置良好，并用验电笔确认箱体无电后，方可接触。

②装表接电作业宜在停电下进行。带电装表接电时，应戴手套，防止机械伤害和电弧灼伤。

③带电安装有互感器的计量装置时，应防止电磁式电流互感器二次开路和电磁式或电容式电压互感器二次短路。

④在带电的电度表和二次回路上工作时，不得将回路的永久接地点断开，断开电流回路时应将电流互感器二次专用端子短路，不许带负荷插入表尾线。

（23）带电作业工具的使用、保管和试验。

①不应使用损坏、受潮、变形、失灵的带电作业工具。

②带电绝缘工具在运输过程中，应装在专用工具袋、工具箱或专用工具车内。

③作业现场使用的带电作业工具应放置在防潮的帆布或绝缘物上。

④带电作业工器具应按规定定期进行检查和试验。

第三节 中毒应急处置与预防

一、毒性分析

根据进入人体的速度、剂量、人体与毒物接触时间长短、症状发作的快慢及持续时间，可将中毒分为急性中毒、亚急性中毒和慢性中毒三类。

（1）急性中毒：是指毒物一次大量进入人体引起的中毒，作用迅速而剧烈，一般以秒、分、时计。

（2）亚急性中毒：是指介于急、慢性中毒之间，在较短时间内（3~6个月）有较大量的毒物进入人体的中毒。

（3）慢性中毒：是指毒物少量长期进入人体后所引起的中毒，一般以月、年计。

二、毒物进入人体的途径

毒物只有进入人体并与人体的新陈代谢系统发生作用后，毒物才会对人体造成伤害。毒物进入人体的途径主要有三条。

（1）通过呼吸道吸收：大部分生产性毒物是通过呼吸道进入人体而引起中毒的。呼吸道是生产过程中毒物进入人体的主要途径。

（2）通过皮肤吸收：由于皮肤的表面屏障作用，毒物经皮肤吸收一般较其他途径慢一些；吸收速度与毒物的溶脂性成正比，与相对分子质量成反比。

（3）通过消化道吸收：消化道吸收可发生在口腔黏膜、胃、小肠等部位，而以小肠吸收为主。

三、防毒措施

（一）有害气体中毒的危害

油气集输过程中通常遇到的危险物质有硫化氢、二氧化硫、一氧化碳和惰性气体等。石油气体中，使人产生中毒最危险的气体是硫化氢。硫化氢是一种无色的有臭鸡蛋味的气体，一般的石油气中都含有一定数量的硫化氢气体，硫化氢中毒要比石油气中毒快，在相当低的浓度下，很快就可能引起人失去知觉，甚至死亡。在石油蒸气存在的环境下工作，如果感到恶心头痛，胸部有压迫感和疲倦，眼鼻及咽喉的黏膜部分感到剧痛，口腔出现金属味，就可能是硫化氢中毒。中毒严重时，表现为抽筋，丧失知觉，人的呼吸器官麻痹而死亡。硫化氢气体不仅有毒，而且当硫化氢与空气混合时还会形成爆炸性混合气体。

一氧化碳无色无味，很容易使人不知不觉地中毒。一氧化碳中毒的病人，口唇黏膜呈樱桃红色。在这种情况下若不能及时发现并抢救，则可能窒息死亡。

（二）有害气体中毒的急救

（1）怀疑可能存在有害气体时，应立即将人员撤离现场，转移到通风良好处休息；抢救人员进入危险区必须戴防毒面具。

（2）已昏迷病员应保持气道通畅，有条件时给予氧气呼入。

（3）对天然气中毒的患者，应采取仰卧位，头侧向两边体位放置。

（4）呼吸心跳停止者，按心肺复苏法抢救，并联系急救部门或医院；迅速查明有害气体的名称，供医院及早对症治疗。

（三）急救人员注意事项

（1）一旦出现中毒现象，急救人员不要盲目去救，以防止事故扩大。

（2）急救人员应穿戴防毒面具，先进行个人防护。

（3）尽快切断毒气发生源，加强现场通风。

（4）中毒抢救时不要惊慌，要抓紧时间进行急救。

（四）有害气体中毒的防护措施

在油气集输生产工作中，防止有害气体中毒主要采取以下措施：

（1）对生产密闭流程严格管理，杜绝随意排放。

（2）在易燃易爆作业场所，严禁工艺流程及设备"跑、冒、渗、漏"。

（3）站库天然气的放空严加控制，不准随意排放。

（4）站库是油气聚集的场所，泵房油气泄漏、聚集是引起泵房中毒窒息事故的主要原因，因此要采取自然通风或强制通风等办法，来降低或避免油气聚集的机会。

（5）应定期检查工作场地空气中油蒸气的含量，使其最大允许浓度不超过 0.3mg/L，泵房内应注意通风，以使重于空气的油蒸气消散。为防止油气在室内作业场所扩散，应优先采取的处理措施是局部排风。

（6）对集输过程中经常使用或接触的带有毒性的药剂，要严格按规定使用操作，提高自我保护能力。

四、防油气中毒

(一) 油气中毒的危害

原油、天然气及其产品的蒸汽都具有一定的毒性。这些物质一旦被人吸入超过一定量时会导致慢性或急性中毒。当空气中油气含量为 0.28% 时，人在该环境中 12～14h 就会有晕感；如果含量达到 1.13%～2.22%，将使人难以支持；含量再高时，会使人立即晕倒，失去知觉，造成急性中毒。在这种情况下若不能及时发现并抢救，则可能导致窒息死亡。

(二) 油气中毒的防护措施

在油气集输生产工作中防止中毒主要采取以下措施：
（1）对生产密闭流程严格管理，杜绝随意排放。
（2）在易燃易爆作业场所，严禁工艺流程及设备"跑、冒、渗、漏"。
（3）站库天然气的放空严加控制，不准随意排放。
（4）站库是油气聚集的场所，要采取自然通风或强制通风等办法，来降低或避免油气聚集的机会。
（5）对集输过程中经常使用或接触的带有毒性的药剂，要严格按规定使用操作，时时提高自我保护能力。

五、防硫化氢中毒

硫化氢是可燃性无色气体，具典型臭鸡蛋味，分子量34.08，密度1.19g/L，熔点 $-85.5℃$，沸点 $-60.7℃$；易溶于水，也溶于醇类、二硫化碳、石油溶剂和原油；蒸气压20℃时为1874.5kPa，空气中爆炸限4.3%～45.5%，自燃温度260℃，它在空气中的最终氧化产物为硫酸或硫酸根阴离子。

(一) 毒性

天然气中的无机硫化物如硫化氢（H_2S）和有机硫化物如硫醇（RSH）、硫醚（RSR）等这些气体都是毒性很大的气体。H_2S 是一种神经毒剂，也是窒息性和刺激性气体。主要作用于中枢神经系统和呼吸系统，也可造成心脏等多个器官损害，对其作用最敏感的部位是脑和黏膜。

(二) 中毒表现

首先是出现的兴奋期，表现为呼吸加快、心动过缓、血压增高、红细胞增多和血糖升高。这些反应都对组织缺氧起到代偿作用。如继续吸入硫化氢，则进入抑制期，这时由于呼吸中枢和血管运动中枢的直接抑制作用而出现各种衰竭症状。在接触极高浓度（1000mg/m³ 以上）时，可发生"电击样"中毒，即在数秒钟后突然倒下，瞬时内呼吸停止，这是由于呼吸中枢麻痹所致。

H_2S 的急性毒性作用器官和中毒机制，随接触浓度和接触时间变化而不同，浓度越高则对中枢神经抑制作用越明显，浓度较低时对黏膜刺激作用明显。

硫化氢嗅觉阈的个体差异很大，浓度超过 0.2mg/m² 以后臭味强度与浓度的升高成正比，当浓度超过 30mg/m³ 以后，继续增高时反觉其臭味减弱。在浓度超过 200mg/m³ 时因嗅觉疲劳或嗅神经麻痹而不能察觉硫化氢的存在，故不能单纯依靠其臭味来判断危险浓度。

（三）中毒急救

1. 现场急救

立即使患者脱离现场至空气新鲜处，有条件时立即给予吸氧。现场抢救人员应有自救互救知识，以防抢救者进入现场后自身中毒。

硫化氢中毒病人现场抢救治疗十分重要，切忌盲目转送或迁移搬动病人，以防贻误抢救时机，使病情恶化或造成死亡。

2. 维持生命体征

对呼吸或心搏骤停者应立即施行心肺复苏术，即人工呼吸和胸外心脏按压。在施行口对口人工呼吸时施行者应防止吸入患者的呼出气或衣服内逸出的 H_2S，以免发生二次中毒。

3. 后续抢救

（1）立即吸氧、推注葡萄糖，有心跳呼吸停止者立即做心肺复苏术。

（2）静脉推注 50% 葡萄糖水加维生素 C。

（3）建立输液通道，便于静脉给药，补充水、电解质。

（4）对眼部症状，可用 2% 的碳酸氢钠液洗眼，滴氢化可的松或氯霉素眼药水。

（5）如有其他并发症，给予对症处理。

（6）病人生命体征平稳后，转送至医院住院治疗。

六、防一氧化碳中毒

一氧化碳（CO）是无色、无味、无刺激性的气体，分子量 28.01，密度 0.967g/L，冰点为 -207℃，沸点 -190℃；在水中的溶解度甚低，但易溶于氨水；空气混合爆炸极限为 12.5% ~ 74%。

（一）毒性

一氧化碳（CO）是一种对血液与神经系统毒性很强的污染物，空气中的一氧化碳，通过呼吸系统，进入人体血液内，与血液中的血红蛋白、肌肉中的肌红蛋白、含二价铁的呼吸酶结合，形成可逆性的结合物。一氧化碳与血红蛋白的结合，不仅降低血球携带氧的能力，而且还抑制、延缓氧血红蛋白的解析与释放，导致机体组织因缺氧而坏死，严重者则可能危及人的生命。

（二）中毒表现

1. 急性中毒

急性一氧化碳中毒的症状轻重与空气中的一氧化碳浓度、接触时间长短、患者的健康情况有关，通常分为轻度中毒、中度中毒、重度中毒三类。

（1）轻度中毒：患者可出现头痛、头晕、失眠、视物模糊、耳鸣、恶心、呕吐、全身乏力、心动过速、短暂昏厥。血液中碳氧血红蛋白含量达 10% ~ 20%。

（2）中度中毒：除轻度中毒症状加重外，口唇、指甲、皮肤黏膜出现樱桃红色，多汗，血压先升高后降低，心率加速，心律失常，烦躁，一时性感觉和运动分离（即尚有思维，但不能行动）。症状继续加重，可出现嗜睡、昏迷。血液中碳氧血红蛋白约在 30% ~ 40%。经及时抢救，可较快清醒，一般无并发症和后遗症。

（3）重度中毒：患者迅速进入昏迷状态。初期四肢肌张力增加，或有阵发性强直性痉挛；晚期肌张力显著降低，患者面色苍白或青紫，血压下降，瞳孔散大，最后因呼吸麻痹而死亡。经抢救存活者可有严重并发症及后遗症。

2. 迟发脑病

部分急性 CO 中毒患者于昏迷苏醒后，意识恢复正常，但经 2 ~ 30 天的假愈期后，又出现脑病的神经精神症状，称为急性 CO 中毒迟发脑病。因表现出"双相"的临床过程，也有人称之为"急性 CO 中毒神经系统后发症"。

3. 低浓度一氧化碳对人体的影响

近年来的资料认为，长期接触低浓度一氧化碳可能对人体健康造成影响。

（三）中毒急救

当发现有人一氧化碳中毒后，打开通风的门窗，迅速将中毒者脱离危险区域，解开衣领及腰带以利其呼吸顺畅，呼叫救护车，在等待运送车辆的过程中，对于昏迷不醒的患者可将其头部偏向一侧，以防呕吐物误吸入肺内导致窒息。为促其清醒可用针刺或指甲掐其人中穴，若其仍无呼吸则需进行人工呼吸。

第四节　中暑应急处置与预防

高温影响下，体内热积蓄过多或体温调节中枢功能出现紊乱，致使生命活动受到危害的一种急症。人体能维持体温37℃左右，是由于体内各器官、组织的新陈代谢和运动时所产生的热量，能够通过皮肤表面、呼吸和出汗等途径所散失的热量，在体温中枢的调节下达到平衡。当环境温度高于皮肤温度且湿度过大时，蒸发散热受阻，大量热积蓄，如不及时采取措施，就会引起中暑。

一、中暑的基本症状

中暑分为先兆中暑、轻症中暑、重症中暑。

先兆中暑和轻症中暑者口渴、食欲不振、头痛、头昏、多汗、疲乏、虚弱，恶心及呕吐，心悸、脸色干红或苍白，注意力涣散、动作不协调，体温正常或升高等。

重症中暑包括热痉挛、热衰竭和热射病。

热痉挛是突然发生的活动中或者活动后痛性肌肉痉挛，通常发生在下肢背面的肌肉群（腓肠肌和跟腱），也可以发生在腹部。肌肉痉挛可能与严重体钠缺失（大量出汗和饮用低张液体）和过度通气有关。热痉挛也可为热射病的早期表现。

热衰竭是由于大量出汗导致体液和体盐丢失过多，常发生在炎热环境中工作或者运动而没有补充足够水分的人中，也发生于不适应高温潮湿环境的人中，其征象为：大汗、极度口渴、乏力、头痛、呕吐，体温高，可有明显脱水征如心动过速、直立性低血压或晕厥，无明显中枢神经系统损伤表现。热衰竭可以是热痉挛和热射病的中介过程，治疗不及时，可发展为热射病。

热射病是一种致命性急症，根据发病时患者所处的状态和发病机制，临床上分为两种类型：劳力性和非劳力性热射病。劳力性者主要是在高温环境下内源性产热过多（如炎热天气中长距离的跑步者），它可以迅速发生；非劳力性主要是在高温环境下体温调节功能障碍引起散热减少（如在热浪袭击期间生活环境中没有空调的老年人），它可以在数天之内发生。其征象为：高热（直肠温度≥41℃）、皮肤干燥（早期可以湿润），意识模糊、惊厥甚至无反应，周围循环衰竭或休克。此外，劳力性者更易发生横纹肌溶解、急性肾衰竭、肝衰竭、DIC或多器官功能衰竭，病死率较高。

二、中暑处置

（1）夏季一旦出现大量出汗、口渴、头晕、胸闷、恶心、全身无力、注意力不集中等表现时，就是要发生中暑的先兆。因此要尽快离开高温潮湿环境，转移到阴凉通风处坐下休息，喝些糖盐水或其他饮料，在两侧太阳穴擦些清凉油，防止发生中暑。

（2）对中暑先兆必须予以重视，禁止继续停留在强烈阳光照射或高温潮湿环境中，防止出现面色潮红、体温升高、皮肤发热、呕吐、眼前发黑甚至昏迷、抽搐的严重症状。

（3）对中暑者降温处理时间不宜过长，只要病人体温下降并清醒过来即可，防止降温过度造成其他伤害。

（4）降温时为避免皮肤很快冷却而引起皮下血管收缩妨碍体内热量的散发。救助者还应不时按摩病人的四肢躯干，促使血液循环加快，将体内的热量带到体表散出，以免影响救治效果。

（5）如果是在潮湿闷热的环境中大量活动而过度疲劳，表现为面色苍白，皮肤湿冷、心慌、呼吸困难的病人，应尽快将病人抬到凉爽通风的地方躺下，松解开衣领、腰带，保持呼吸通畅，用冷毛巾湿敷前额及颈部即可，不要给予其他任何降温处理，以免使症状恶化。

（6）中暑后千万不可急于补充大量水分，否则会引起呕吐、腹痛、恶心等症状。

（7）中毒者出现呕吐时，应将其头部偏向一侧，防止呕吐物呛入气管引起窒息。

（8）应急措施：操作时发生人身意外伤害，要立即停止操作，脱离危险源后立即进行救治并向上级汇报，如果伤情严重，马上拨打"120"急救电话。

三、中暑急救

（一）迅速搬离高温环境

（1）将中毒者转移到通风、凉爽、干燥的地方，使其平卧。

（2）解开中暑者衣扣，松开或脱去其衣服（如衣服被汗水湿透要更换干衣服，用纸扇或电扇扇风，以利呼吸及散热）。

（二）对症救治

（1）对伤者进行物理降温，使用50%浓度酒精、白酒、冰水或冷水进行全身擦浴；或使用冷水毛巾及冰袋、冰块等放在患者头部、颈部、腋窝及大腿根部腹股沟等多处大动脉血管部位，促使病人体内的热量尽快散发。

（2）若伤者已失去知觉，用针刺或用大拇指掐病人的人中穴（位于鼻唇之间中上1/3交界处）、内关穴（位于手腕内侧上方约5cm处）以及合谷穴（即虎口）等，通过刺激促使伤者苏醒。

（3）若伤者呼吸停止，立即采用人工呼吸法实施救治。

（4）在中暑者额部、太阳穴涂抹风油精，或让其服用人丹、十滴水、藿香正气水等清热解暑药。

（5）对神志清醒的中暑者可喂以温开水、淡盐水、糖盐水、鲜果汁或清凉饮料等，以补充出汗造成的体液损失，在补充水分时，可加入少量的盐或小苏打。

（6）经救治清醒后的病人，必须使其在凉爽通风处充分安静休息，并饮用足量糖盐水以补充体液损失，促使其快速康复。

（三）转送医院救治

对于高烧不退或出现痉挛等现象的重症中暑者，必须立即送医院救治。搬运病人时，应用担架运送不可使患者步行，同时运送途中要注意尽可能的用冰袋敷于病人额头、枕后、胸口、腋窝及大腿根部积极进行物理降温，以保护大脑、心肺等重要脏器。

四、中暑的预防

（一）躲避烈日

夏日出门要备好防晒用具，最好不要在10点至16点这段时间在烈日下行走，因为这个时间段的阳光最强烈，发生中暑的可能性是平时的10倍。如果此时必须外出，一定要做好防护工作，如打遮阳伞、戴遮阳帽、戴太阳镜，涂抹防晒霜。

（二）补充水分

养成良好的饮水习惯，不要等口渴了才喝水，最理想的是根据气温的高低，每天喝1.5L至2L水。出汗较多时可适当补充一些盐水，弥补人体因出汗而失去的盐分。另外，夏季人体容易缺钾，使人感到倦怠疲乏，含钾茶水是极好的消暑饮品。

(三) 注意饮食

夏天吃的蔬菜,如生菜、黄瓜、西红柿等的含水量较高;新鲜水果,如桃子、杏、西瓜、甜瓜等水分含量为 80%～90%,都可以用来补充水分。另外,乳制品既能补水,又能满足身体的营养之需。其次,不能避免在高温环境中工作的人,应适当补充含有钾、镁等元素的饮料。所以,人们应多喝汤、多饮茶、多吃粥、多吃青菜、多吃瓜果。

(四) 备防暑药

随身携带防暑降温药剂,如十滴水、人丹、风油精、藿香正气水等,以防应急之用。

(五) 服装合适

外出时的衣服尽量选用棉、麻、丝类的织物,应少穿化纤品类服装,以免大量出汗时不能及时散热,引起中暑。

(六) 保持充足睡眠

夏天日长夜短,气温高,人体新陈代谢旺盛,消耗也大,容易感到疲劳。充足的睡眠,可使大脑和身体各系统都得到放松,既利于工作和学习,也是预防中暑的好措施。睡眠时注意不要躺在空调的出风口和电风扇下,以免患上空调病和热伤风。

第五节 火灾爆炸应急处置与预防

一、燃烧及爆炸

(一)燃烧

燃烧是可燃物质与氧或氧化剂化合时发生的一种放热和发光的化学反应;由于其可燃物可以是气体、液体、固体,所以燃烧的形式是多种多样的。但它们的过程基本均可被常见的四种形式所包括,即自燃、闪燃、燃烧、爆炸。

(1)自燃:自燃是指某些可燃物质在没有外来热源(火花、火焰)的情况下,由其本身内部的生物、物理或化学作用产生的热而引起自动燃烧的现象。

(2)闪燃:闪燃是指可燃液体在低于某一温度时液体挥发出来的蒸汽与空气形成混合物,遇火源(明火)时能够发生一闪即灭的现象。这一最低温度就称之为该液体的闪点,闪点越低火灾的危险性就越大。

液体按闪点的高低可分为四类:第一级闪点 <28℃;28℃≤第二级闪点≤45℃;45℃≤第三级闪点≤120℃;第四级闪点 >120℃。第一级和第二级为易燃液体,第三级和第四级为可燃液体。

(3)燃烧:燃烧也称着火,是指可燃物在空气中受到火源的作用而燃烧,并在火源移去后仍能继续燃烧的现象。

燃烧必须具备以下三个条件:

①要有可燃物质存在,如木柴、纸张、汽油、酒精和氢气等。

②要有助燃物质,凡能帮助和支持燃烧的物质都称助燃物质,如氧气、氯气、氯化钾和高锰酸钾等氧化剂。

③要有火源,如火柴、火焰、静电火花、化学能及聚焦的日光等。

上述三个条件为燃烧的基本条件,控制三个条件其中之一,就可以控制燃烧。

(二)爆炸

爆炸就是物质发生变化的速度不断急剧增加,并在极短的时间内放出大量能量的现象称为爆炸。这种变化(爆炸)是以机械功的形式在瞬间放出大量的气体和热能量,使周围压力发生急剧变化,同时产生巨大的响声,爆炸的传播速度为 10～7000m/s,故爆炸的危害是最严重的。

爆炸可分为物理性爆炸和化学性爆炸。

（1）物理性爆炸：物质因状态或压力发生突变等物理变化而引起的爆炸称物理性爆炸。物理性爆炸前后物质的性质和化学成分不变。例如，锅炉爆炸、压力容器爆炸、液化石油气超压爆炸都是物理性爆炸。

（2）化学性爆炸：由于物质发生极迅速的化学反应，产生高温、高压而引起的爆炸称化学性爆炸。化学性爆炸前后物质的性质和成分发生了根本的变化。如炸药爆炸、天然气爆炸均属于化学性爆炸。化学性爆炸比物理性爆炸危害性大。

当可燃气体、可燃液体的蒸汽或可燃粉尘和空气混合达到一定浓度时，遇到火源就会发生爆炸的浓度范围，称之为"爆炸极限"。"爆炸极限"通常用可燃气体蒸汽或粉尘在空气中的体积百分数来表示。掌握"爆炸极限"可以进行防火、防爆。通过各种技术措施改变"爆炸极限"条件，以防止爆炸。

（三）防火与灭火

1. 火源

火源是燃烧的三个条件之一。通常火源可分为直接火源和间接火源两种。

（1）直接火源：明火、电火花、雷击等。

（2）间接火源：加热自燃起火、本身自燃起火等。

2. 火灾的发展过程

火灾的发展过程通常要经历以下三个阶段。

（1）初燃阶段：燃烧面积小、强度弱，放出的热辐射不多，烟和气体流动较慢。

（2）燃起阶段：燃烧强度大，温度上升，放出的热辐射多而强，烟和气体流动迅速，面积扩大。

（3）熄灭阶段：可燃物质减少，温度下降，火趋向于熄灭，直到可燃物烧完为止。

3. 火灾的扑救原则

初起火灾的扑救原则：企业、事业单位灭火，救灾指挥人员，指挥灭火救灾中要遵循"救人第一""先控制、后消灭""先重点、后一般"等原则。

（1）救人第一的原则：是指火场上如果有人受到火势威胁，企业、事业单位消防队员的首要任务就是把被火围困的人员抢救出来。运用这一原则，要根据火势情况和人员受火势威胁的程度而定。在灭火力量较强时，人未救出之前,灭火是为了打开救人通道或减弱火势对人员威胁程度,从而更好地为救人脱险、及时扑灭火灾创造条件。在具体实施救人时应遵循"就近优先,危险优先,弱者优先"的基本要求。

(2)先控制、后消灭的原则:是指对于不可能立即扑灭的火灾。要首先控制火势的继续蔓延扩大,在具备了扑灭火灾的条件时,再展开全面进攻,一举消灭。义务消防队灭火时,应根据火灾情况和本身力量灵活运用这一原则。对于能扑灭的火灾,要抓住战机,就地取材,速战速决;如火势较大,灭火力量相对薄弱,或因其他原因不能立即扑灭时,就要把主要力量放在控制火势发展或防止爆炸、泄漏等危险情况发生,以防止火势扩大,为彻底扑灭火灾创造有利条件。先控制、后消灭,在灭火过程中是紧密相连、不能截然分开的,只有首先控制住火势,才能迅速将火灾扑灭。控制火势要根据火场的具体情况,采取相应措施。

(3)先重点,后一般的原则:是就整个火场情况而言的。运用这一原则,要全面了解并认真分析火场的情况,主要包括以下几个重点:

①人和物相比,救人是重点;

②贵重物资和一般物资相比,保护和抢救贵重物资是重点;

③火势蔓延猛烈的方面和其他方面相比,控制火势蔓延猛烈的方面是重点;

④有爆炸、毒害、倒塌危险的方面和没有这些危险的方面相比,处置这些危险的方面是重点;

⑤火场上的下风向与上风、侧风向相比,下风向是重点;

⑥可燃物资集中区域和这类物品较少的区域相比,这类物品集中区域是保护重点;

⑦要害部位和其他部位相比,要害部位是火场上的重点。

4. 火灾扑救方法

1)扑救初起火灾的指挥要点

扑灭火灾的最有利时机是在火灾的初起阶段。要做到及时控制和消灭初起火灾,主要是依靠群众义务消防队。因为他们对本单位的情况最了解,发生火灾后能在公安消防队和企业专职消防队到达之前,最先到达火场。所以初起火灾发生后,一般首先由起火单位的义务消防队组织指挥和扑救;当本单位企业专职消防队到达火场时,企业专职消防队的领导负责组织指挥和扑救;当公安消防队到达火场时,由公安消防队的领导统一组织指挥。扑救初起火灾的组织指挥工作主要做好以下几点：

（1）及时报警，组织扑救。义务消防队员，无论在任何时间和场所，一旦发现起火，都要立即报警，并参与和组织群众扑救火灾。当火灾刚发生且不大时，要迅速利用现场的灭火器、沙桶、水泥粉等简易灭火器材灭火，并设法立即报警。报警时，应根据火势情况，首先向周围人员发出火警信号，并通知单位领导和有关部门，要有专人向公安消防部门报警。

（2）积极抢救被困人员。当火场上有人被围困时，要组织力量，积极抢救被困人员。

（3）疏散物资，建立空间地带。

2）初起火灾扑救的基本方法

初起火灾容易扑救，但必须正确运用灭火方法，合理使用灭火器材和灭火剂，才能有效地扑灭初起火灾，减少火灾危害。灭火的四项基本措施主要有控制可燃物、隔绝空气、消除火源、阻止火势蔓延。灭火的四种方法有冷却灭火法、隔离灭火法、窒息灭火法、抑制灭火法。

（1）冷却灭火法：就是将灭火剂直接喷洒在可燃物上，使可燃物的温度降低到自燃点以下，从而使燃烧停止；或者将灭火剂喷洒到火源附近的物体上，使其不受火焰辐射热的威胁，避免形成新的着火点，还可用水冷却建筑构件、生产装置或容器等，以防止其受热变形或爆炸。常见的就是用清水灭火，还有二氧化碳冷却降温灭火。

（2）隔离灭火法：是将燃烧物与附近可燃物隔离或者疏散开，使火源没有燃烧物质而熄灭。这种方法适用于扑救各种固体、液体、气体火灾。采取隔离灭火的具体措施很多，例如将火源附近的易燃、易爆物质转移到安全地点；关闭设备或管道上的阀门，阻止可燃气体、液体流入燃烧区；排除生产装置、容器内的可燃气体、液体，阻拦、疏散可燃液体或扩散的可燃气体；拆除与火源相毗连的易燃建筑结构，形成阻止火势蔓延的空间地带等。

（3）窒息灭火法：即采取适当的措施，阻止空气进入燃烧区，或用惰性气体稀释空气中的氧含量，使燃烧物质缺乏或断绝氧而熄灭。适用于扑救封闭式的空间、生产设备装置及容器内的火灾。火场上运用窒息法扑救火灾时，可采用石棉被、湿麻袋、湿棉被、沙土、泡沫等不燃或难燃材料覆盖燃烧或封闭孔洞；用水蒸气、惰性气体（如二氧化碳、氮气等）充入燃烧区域；利用建筑物上原有的门以及生产储运设备上的部件来封闭燃烧区，阻止空气进入。此外，在无法采取其他扑救方法而条件又允许的情况下，可采用水淹没（灌注）的方法进行扑救。但在采取窒息法灭火时，必须注意以下几点：

①燃烧部位较小，容易堵塞封闭，在燃烧区域内没有氧化剂时，适宜采取这种方法。

②在采取用水淹没或灌注方法灭火时，必须考虑到火场物质被水浸没后能否产生的不良后果。

③采取窒息方法灭火以后，必须确认火已熄灭，方可打开孔洞进行检查。严防过早地打开封闭的空间或生产装置，而使空气进入，造成复燃或爆炸。

④采用惰性气体灭火时，一定要将大量的惰性气体充入燃烧区，迅速降低空气中氧的含量，以达到窒息灭火的目的。

（4）抑制灭火法（中断化学反应法）：是将化学灭火剂喷入燃烧区参与燃烧反应，使燃烧过程中产生的游离烃消失，形成稳定分子或低活性的游离烃，从而使燃烧的化学反应中断，停止燃烧。采用这种方法可使用的灭火剂有干粉和卤代烷灭火剂。灭火时，将足够数量的灭火剂准确地喷射到燃烧区内，使灭火剂阻断燃烧反应。

二、站库防火

（一）站库防火要求

为了确保集输储运的安全，转油站和油库应建立严格的防火防爆制度，其主要内容如下：

（1）新建和改建时，必须严格按照有关的技术安全规程办事，各建筑物和设备的安全距离和安全防火等级，必须符合安全技术部门的各项规定。

（2）管理上必须严格按照岗位责任制各项规定办事，室内外做到"三清、四无、五不漏"。

（3）站内严禁吸烟玩火，在允许使用明火和焊接工作的车间，应采取防范措施。

（4）站内禁止使用明火的地方动火时，需要用火单位提出申请，采取有效措施并经过有关安全技术部门检查批准后，方可用火。

（5）站库内的输电线路不能跨越油罐；有可燃气体的房间上空不准使用裸体导线；所有照明必须采用防爆式；探照灯焦距应适当调整，不得对准可燃易燃物及储罐气孔；非电工人员禁止乱接乱修电气设备。

（6）站内避雷及电气设备的接地装置必须定期检查，其接地电阻不得大于 10Ω。

（7）有严格的门卫制度，凡需进站车辆，事先须经有关部门批准和检查。

（8）禁止穿带钉子的鞋进泵房和上油罐。检修清洁油罐时，应避免猛烈敲打和碰击。使用过的油布应集中存放和及时处理。

（9）泵房和机室的防爆墙应严密封闭，若电动机是防爆的，可以不用封密。

（10）油罐区周围必须有高 1.2m，顶宽 0.6m 的防护堤，并经常保持坚固完整。

（11）油罐上的液压机械呼吸阀泡沫室以及分离器的安全阀、放空阀等装置，必须定期检查、维护，保持灵活好用。

（12）站内消防通道必须畅通，站内除固定的灭火装置外，必须配备适量灭火工具、器材，定期检查并保持完好状态。

（13）站库员工特别是新工人要加强安全防火知识教育，熟知岗位工艺流程。

（二）站库的安全设施—防火堤

防火堤是为了防止油品流散蔓延扩大而建的大堤。防火堤要求高 1.2m、顶宽 0.6m。防火堤具体要求如下：

（1）防火堤内纯空间应容纳全组油罐容积，防火堤上缘须比上述油罐溢出液体的液面高出 0.2m。

（2）为方便灭火工作，油罐的罐壁与防火堤底部的距离不得小于最近一个油罐直径的一半。

（3）为了进入罐区工作方便，防火堤应根据情况修建踏步梯。

（4）一级油站，油库容量在 $4 \times 10 m^3$ 以下的油罐组可设一道防火堤，堤内可设分割堤。

（5）防火堤内排水沟，正常时阀门应关闭，不得在分割堤之间相互贯通，以防万一油溢出流散扩大。

（三）站库安全生产注意事项

石油和天然气易于燃烧、爆炸和具有毒性，如果在工作中不慎或不遵守安全技术操作规程，就会发生火灾、爆炸或中毒事故。因此，为确保油气集输工作安全，严防事故发生，就必须采取有效措施，最大限度消除引起火灾爆炸中毒等事故的一切因素。

爆炸起火是对站库安全生产最严重的威胁，一旦发生爆炸火灾，就可能造成生命财产的巨大损失，因此必须做好以下防范措施：

（1）严格执行防火禁区的规定，在防火禁区不准携带火种，严禁吸烟。

（2）不准穿铁钉鞋进入油气区；使用金属工具和搬运油桶时，注意防止撞击，以免产生火星。

（3）油罐区严禁堆放可燃物、易燃物。

（4）油罐区必须按规定设置防火堤，并保持完好。

（5）油罐检尺、取样时，轻开轻关量油孔盖；量油尺、重锤、取样器和检尺孔必须用不产生火花的金属材料制作。

（6）油罐区内禁止装设非防爆型电气设备。

（7）油罐避雷接地极每年春秋两季测定一次，接地电阻不大于10Ω。

（8）油罐顶透光孔，检尺处盖垫片必须保持完好，保证不冒油气，雷雨天必须用石棉被盖好。

三、电气火灾

（一）电气火灾的预防

1. 油开关、电开关及熔断器的预防

1）油开关防火

用油开关切断电源时要产生电弧，电弧通过油开关的灭弧装置而熄灭。如果油开关不能迅速有效的灭弧，电弧将产生300～400℃的高温，使油分解成含有氢的可燃气体，可引起燃烧或爆炸。

2）电开关防火

电开关防火措施如下：安装电开关应与房内的防火要求相适应。在有爆炸危险的场所应采用防爆型或防爆重油型的开关，否则开关应安装在室外；闸刀开关应安装在非燃烧材料制成的闸板上或闸盒内；开关的额定电流和额定电压均应和实际使用情况相适应；线路和设备应连接牢固避免产生过大的接触电阻；单极开关必须接在火线上，否则开关虽断，电气设备仍然带电，一旦火线接地或搭接金属物体，仍然有自发接地短路引起火灾的危险。

3）熔断器防火

因为一定粗细的电线和一定容量的电气设备允许长时间通过的额定电流是有一定数值的。用来保护电线和设备的熔断丝，一定要选择适当，才能起到保险作用。如果用铁丝来代替熔断丝，当电路中的电流超过额定电流时，铁丝不会及时熔断，将起不到保险的作用。

2. 电气照明的防火要求

（1）照明电线上应安装熔断丝或自动开关装置，以保证发生事故时，立即切断电源。

（2）车间的照明，功率大的电灯泡应用灯罩进行防护。

（3）在有大量水蒸气的厂房内，采用防水灯罩。

（4）在有爆炸危险性厂房内，采用防爆灯。

（二）电气火灾的扑救

针对电气设备火灾燃烧猛、蔓延快、易形成大面积燃烧，烟雾大，气体有毒的特点，一般常用以下几种灭火方法。

（1）断电灭火：扑救电气火灾前应设法及时切断电源，但必须注意以下几点：

①应用绝缘操作杆操作闸刀开关来切断电源，以防造成触电事故；

②电源线切断后要防止对地短路，触电伤人及线间短路；

③在主要开关未断开之前，不允许用隔离开关切断负载电流，以免产生电弧，造成设备和人身伤亡；

④切断电容器和电缆后，因仍有残留电压，灭火时要按带电灭火的要求进行灭火。

（2）使用灭火器带电灭火：因来不及断电或断电会造成更大的经济损失的情况下，为迅速控制火势，应使用电阻率大，导泄电流小的灭火剂，并在灭火器与带电体间保持一定距离时进行灭火。泡沫灭火剂具有导电性，对电气设备的绝缘有很大的损坏作用，因此不能用泡沫灭火器进行带电灭火。

（3）启动灭火装置带电灭火：常用的固定灭火装置有：二氧化碳灭火装置、固定干粉灭火装置。

（4）充油电气设备的火灾扑救：在油田充油电气设备一般指变压器、油断路器、电容器等。

①设备容器外部局部着火而未受破坏时可进行灭火剂带电灭火，同时应预防中毒事故；

②火势大并对其他电气设备有威胁时，应切断所有设备的电源，再进行灭火；

③容器受破坏，喷油燃烧，火势大时应切断电源，设法放掉油，同时用泡沫灭火剂对油火进行扑救。

参考文献

[1] 中国石油天然气集团公司职业技能鉴定指导中心.集输工(上册).北京:石油工业出版社,2011.

[2] 中国石油天然气集团公司职业技能鉴定指导中心.集输工(下册).北京:石油工业出版社,2011.

[3] 中国石油天然气集团有限公司人事部.油气田水处理工(上册).北京:石油工业出版社,2019.

[4] 中国石油天然气集团有限公司人事部.油气田水处理工(下册).北京:石油工业出版社,2019.

[5] 刘玉敏,等.变频器应用问答.北京:化学工业出版社,2009.

[6] 魏召刚,等.工业变频器原理及应用.北京:电子工业出版社,2009.

[7] 杨溥泉,等.电工手册.北京:中国劳动社会保障出版社.2000.

[8] 中国石油天然气集团有限公司人事部.集输工(上册).北京:石油工业出版社,2019.

[9] 中国石油天然气集团有限公司人事部.集输工(下册).北京:石油工业出版社,2019.

[10] 中国石油天然气集团有限公司人事部.采气工(上册).北京:石油工业出版社,2019.

[11] 中国石油天然气集团有限公司人事部.采气工(下册).北京:石油工业出版社,2019.

[12] 李振泰,等.油气集输工艺技术.北京:石油工业出版社,2007.